U0099608

博碩文化

博碩文化

博碩文化

博碩文化

Mr.Keyboard

沒有最懶，只有更懶的200暗黑鍵盤操控力

鍵盤先生

「犯鍵」的菁英們桌上都應該要有一本

博碩文化

艾凡斯 著

作　　者：艾凡斯
編　　譯：艾凡斯
責任編輯：曾梓翔

發 行 人：詹亢戎
董 事 長：蔡金崑
顧　　問：鍾英明
總 經 理：古成泉
總 編 輯：陳錦輝

出　　版：博碩文化股份有限公司
地　　址：221新北市汐止區新台五路一段112號10樓A棟
　　　　　電話(02) 2696-2869 傳真(02) 2696-2867

郵撥帳號：17484299　戶名：博碩文化股份有限公司
博碩網站：http://www.drmaster.com.tw
讀者服務信箱：DrService@drmaster.com.tw
讀者服務專線：(02) 2696-2869 分機 216、238
（週一至週五09:30～12:00；13:30～17:00）

版　　次：2017年8月初版一刷
建議零售價：新台幣199元
博碩書號：MI21710
I S B N：978-986-434-234-1（平裝）
律師顧問：鳴權法律事務所 陳曉鳴律師

Mr. Keyboard
沒有最懶，只有更懶的200暗黑鍵盤操控力
鍵盤先生
「犯懶」的菁英們桌上都應該要有一本

艾凡斯 著

本書如有破損或裝訂錯誤，請寄回本公司更換

國家圖書館出版品預行編目資料

鍵盤先生：沒有最懶.只有更懶的200暗黑鍵盤
操控力 / 艾凡斯著. -- 初版. -- 新北市：博碩文
化, 2017.08
　面：　公分
ISBN 978-986-434-234-1(平裝)

1.OFFICE(電腦程式)

312.4904　　　　　　　　　　　106012340

Printed in Taiwan

博碩粉絲團　歡迎團體訂購，另有優惠，請洽服務專線
(02) 2696-2869 分機 216、238

商標聲明
本書中所引用之商標、產品名稱分屬各公司所有，本書引
用純屬介紹之用，並無任何侵害之意。

有限擔保責任聲明
雖然作者與出版社已全力編輯與製作本書，唯不擔保本書
及其所附媒體無任何瑕疵；亦不為使用本書而引起之衍生
利益損失或意外損毀之損失擔保責任。即使本公司先前已
被告知前述損毀之發生。本公司依本書所負之責任，僅限
於台端對本書所付之實際價款。

著作權聲明
本書繁體中文版權為博碩文化股份有限公司所有，並受國際
著作權法保護，未經本公司授權任意拷貝、引用、翻印，
均屬違法。

寫在前面

獻給想要在工作上更有效率的讀者們～

電腦這項設備，對於我們辦公作業上的重要度來說，應該是不用再多說了才是。相信你會翻起這本秘技，有可能是除了它的莫名其妙的書名外，另一個原因應該是對該如何利用鍵盤操作來提高工作效率這個議題感到興趣。

「你知道鍵盤上有什麼功能的快速鍵嗎？」面對這個問題，如果你所知道的還停留在「Ctrl+C鍵的剪下」與「Ctrl+V鍵的貼上」的話，那麼我由衷建議你把它好好帶回家K一遍，因為這本秘技當初的構想就是為了要讓更多的人體驗到鍵盤操作所帶給工作者的效率活用，讓你鍵盤在手操控無窮。

當然只是要你背下快速鍵的使用，一時半刻相信也只是死背而已。建議可以多多用像是Ctrl+C的C是指Cut(剪下)這樣聯想的方法記憶，應該是可以幫助你在短期內記住大量的快速鍵組合。

踏入到出版業界前前後後早已超過12年了，由衷地感謝我的家人以及在我身邊的每一個人。最後，希望這本書的內容，可以對你在工作上有那麼一點點的小幫助。

艾凡斯

鍵盤說明

本書所使用的鍵盤如下所示，請讀者們好好把相關位置記下來。

閱讀方式

以星星的數量表示操控等級，6顆星表示讀者最應該知道的快速鍵操控

快速鍵可以做到的功能、操作的目的在這裡都可以幫助你完全掌握

快速鍵組合或功能的操控步驟

利用畫面方便引導讀者快速理解快速鍵的操作方式

利用最簡單的文字解說步驟流程

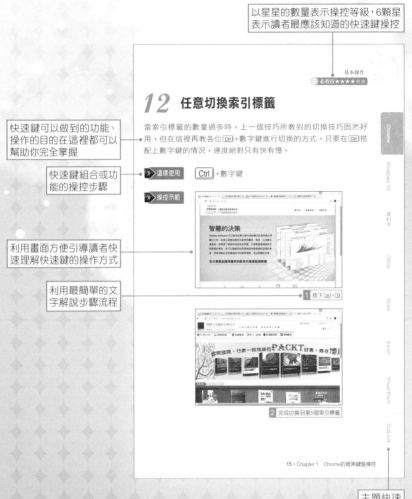

主題快速分類查詢

※本書操作畫面是以Windows 10/Office 2016環境做為示範。

Contents

Chapter 2　Windows 10 的暗黑鍵盤操控

Chapter 3　資料夾的暗黑鍵盤操控

Chapter 4　Office的暗黑鍵盤操控

Chapter 5　Word的暗黑鍵盤操控

Chapter 6　Excel的暗黑鍵盤操控

Chapter 7　PowerPoint的暗黑鍵盤操控

Chapter 8　OutLook的暗黑鍵盤操控

快速鍵怎麼不靈了!

快速鍵是能夠幫助你更有效率作業的小技巧,如果很不幸的不能使用的話,那真的是太「殘念」了。在排除該鍵盤的按鍵無法作用的情況下,若無法使用該快速鍵時,有可能是同時間有其他軟體也設定有了相同的快速鍵組合,又或者是在特定的輸入法狀態下無法使用等等的因素。

當然也有可能是因為軟體有了升級、改版或是不同的版本,讓這些好用的快速鍵就這樣不靈了。作者在此證明,在撰寫本書時這些快速鍵在作者的電腦上是絕對可操作的~。所以,若是不靈的話,請試著拜拜Google大神吧,千萬不要怪作者沒有用心校稿囉!

目前主流的瀏覽器包括有Chrome、Firefox、Edge，
雖然各自的界面儘管不同，但功能面上並不會相去甚
遠，名稱上或許也會有些許差異。在這裡將以Chrome
為操作環境，介紹相關快速鍵的操作。

1

Chrome的
暗黑鍵盤操控

keyboard

01 回復到前一個頁面

當瀏覽器的瀏覽畫面想要回復到前一頁所瀏覽的頁面時，可以利用 [Alt]+[←]鍵快速回復，就像是Office中回復上一個動作一樣，每按下一次[Alt]+[←]鍵就會回復上一層瀏覽頁面。而與[Alt]+[←]鍵相反的，則是[Alt]+[→]鍵。

» 這樣使用

[Alt]+[←]　回復到前一個頁面

[Alt]+[→]　取消回復到前一個頁面

» 操控示範

1 按下[Alt]+[←]鍵

2 完成回復到前一個瀏覽的頁面

02 向下捲動網頁頁面

雖然龐大的資料量是可以塞在同一個網頁頁面中，但就瀏覽者體驗來説，太長的頁面會導致最下方的資訊容易被忽略掉。若想向下捲動網頁頁面時，可以利用 Space 鍵慢慢向下捲動，而若想向上捲動網頁頁面則是可以使用 Shift + Space 鍵。

» 這樣使用

Space　　　向下捲動

Shift + Space　　　向上捲動

» 操控示範

1 按一下 Space 鍵

2 網頁頁面向下移動

03 移動到頁面最下方與最上方

上一個技巧是教你慢慢往下拉動頁面，而若要快速移動到網頁的最下方，你需要直接使用 End 鍵，反之，想要自最下方跳回到網頁面最上方時則可以使用 Home 鍵。

》這樣使用

End　移動到頁面最下方

Home　移動到頁面最上方

》操控示範

1 按一下 End 鍵，快速移動到網頁的最下方

2 按一下 Home 鍵，快速移動到網頁的最上方

04 顯示最近瀏覽的網頁

瀏覽器記錄可以瀏覽你曾經造訪過的網頁，前提當然是你尚未清除瀏覽器的記錄。只要按下 Ctrl + K 鍵，在網址的地方就會顯示出下拉式選單，在這裡就會顯示出曾造訪的網頁。再利用上下的方向鍵 + Enter 鍵，即可進入這個曾經造訪的網頁。

 這樣使用　　Ctrl + K

 操控示範

1 按一下 Ctrl + K 鍵

2 網址以下拉選單顯示曾經造訪的網頁

05 全選網址

在製作簡報或報告時，有時會想將網址複製貼上到這些地方。最簡單的方式是用滑鼠拖曳選取，但如果使用 Ctrl + L 鍵，速度絕對比滑鼠拖曳還要來得快。之後只要再搭配 Ctrl + C 鍵 / Ctrl + V 鍵，就可以完成網址的複製&貼上。

≫ **這樣使用**　　Ctrl + L

≫ **操控示範**

1 在想要全選網址的頁面狀態下 2 按下 Ctrl + L 鍵

3 完成全選網址

06 重新整理頁面

網頁開啟之後，我們可以在頁面開啟的狀態下，利用「重新整理」功能讓網頁重新下載，省去關閉網頁後再次開啟網頁的時間。只要利用F5鍵，就可以達到此效果。

» 這樣使用 F5

» 操控示範

1 在想要重新整理頁面的狀態下按下F5鍵

2 完成重新整理頁面

07 開啟新視窗

想要另開一個新的瀏覽器頁面進行其他網頁的瀏覽時,除了可以直接點選桌面瀏覽器的圖示外,也可以利用快速鍵 Ctrl + N 鍵,另外開啟一個瀏覽器畫面。

》 這樣使用　　 Ctrl + N

》 操控示範

1 在已開啟瀏覽器的狀態下想要開啟新視窗時

2 按下 Ctrl + N 鍵

3 完成開啟新視窗

08 新增索引標籤

若是新增網頁的方法不是使用開新視窗瀏覽器，而是以開新索引標籤的方式進行的話，可以使用 [Ctrl]+[T] 鍵，[Ctrl]+[T] 鍵能在同一個瀏覽器畫面中另開一個新的索引標籤，讓使用者在同一個網頁中瀏覽網頁。在網頁連結上按一下滑鼠中鍵，也可以達到一樣的效果。

» 這樣使用　　[Ctrl] + [T]

» 操控示範

1　在已開啟瀏覽器的狀態下想要新增索引標籤

2　按下 [Ctrl]+[T] 鍵

3　完成新增索引標籤

09 關閉其他索引標籤

當想關閉開啟網頁中的其他索引標籤時，可以點選單個索引標籤內右上方的 × 標示，而這也可以利用 Ctrl + Alt + F4 的快速鍵完成。此組合快速鍵，可以一直關閉索引標籤直到最後一個為止。而在分頁標籤上按一下滑鼠中鍵的話，就可以立即關閉該分頁。

>> 這樣使用　　Ctrl + Alt + F4

>> 操控示範

1 網頁中有2個以上的索引標籤

2 按下 Ctrl + Alt + F4 鍵

3 完成關閉最右側的索引標籤

10 重新顯示不小心關掉的視窗

當一不小心手殘把網頁關閉時，你當然可以利用今日的瀏覽記錄找回你剛剛所逛的網頁，但如果你知道 Ctrl + Shift + T 鍵的用法，就可以不用那麼麻煩了。利用 Ctrl + Shift + T 鍵，能夠把重新顯示不小心關掉的視窗。

這樣使用 　　 Ctrl + Shift + T

操控示範

1 當想重新顯示不小心關掉的視窗時

2 按下 Ctrl + Shift + T 鍵

3 完成重新顯示剛剛不小心關掉的視窗

Chrome

Windows 10

資料夾

Office

Word

Excel

PowerPoint

OutLook

11 切換至右頁面與左頁面標籤

當在瀏覽頁面視窗中有多個索引標籤下，想要快速進行切換至右頁面標籤顯示時，可以利用 Ctrl + Tab 鍵達到迅速切換。相反地，如果想要向左頁面標籤切換時，則可以利用 Ctrl + Shift + Tab 鍵。

 這樣使用　　Ctrl + Tab　　　　切換至右頁面標籤

Ctrl + Shift + Tab　切換至左頁面標籤

操控示範

1 按下 Ctrl + Tab 鍵

2 完成切換至右頁面標籤

 3 按下 Ctrl + Shift + Tab 鍵

4 完成切換至左頁面標籤

12 任意切換索引標籤

當索引標籤的數量過多時，上一個技巧所教到的切換技巧固然好用，但在這裡再教各位 Ctrl +數字鍵進行切換的方式。只要在 Ctrl 搭配上數字鍵的情況，速度絕對只有快有慢。

≫ 這樣使用　　Ctrl +數字鍵

≫ 操控示範

1 按下 Ctrl + 5

2 完成切換到第5個索引標籤

Chrome

Windows 10

資料夾

Office

Word

Excel

PowerPoint

OutLook

13 尋找網頁中關鍵字

當想要尋找某個關鍵字是位在網頁中的哪一個位置時,可以利用
Ctrl + F 鍵呼叫出尋找欄位,接著再輸入關鍵字後執行即可。提醒
您,在Word/Excel中想要找尋關鍵字時,一樣是使用這組快速鍵組
合。

≫ 這樣使用　　Ctrl + F

≫ 操控示範

1 按下 Ctrl + F 鍵

2 輸入想尋找的關
鍵字並執行尋找

3 完成關鍵字的尋找

14 利用新頁面標籤開啟連結

開啟網頁上的連結時，通常的情況會是將原頁面內的資料蓋過而連結顯示新的資料。若想要在保持原瀏覽頁面而以新標籤開啟的方式開啟連結時，可以利用 Ctrl +滑鼠左鍵組合的方式進行。

》 這樣使用　　 Ctrl +滑鼠左鍵

》 操控示範

1　對想要以新索引標籤開啟連結的網址按下 Ctrl +滑鼠左鍵

2　完成以新頁面標籤開啟連結

Chrome　Windows 10　資料夾　Office　Word　Excel　PowerPoint　OutLook

15 檢視下載

自網頁下載某些特定的資料時，瀏覽器會顯示出你現在以及曾經下載的檔案，想要隨時呼叫出此畫面時，可以利用 Ctrl + J 鍵。如此，所下載檔案的時間點、儲存路徑等都會在此頁面中顯示。

 這樣使用　Ctrl + J

 操控示範

1 按下 Ctrl + J 鍵

2 完成開啟現在或曾經所下載的檔案相關資料

16 放大與縮小頁面

當覺得瀏覽器當中的圖片或文字太小時，可以試著將畫面的文字或圖片放大，請試著按下 Ctrl + + 鍵看看，每按下一次就會放大一個層級。相反地，若想要縮小縮小頁面則是使用 Ctrl + - 鍵。

 這樣使用

Ctrl + + 放大頁面

Ctrl + - 縮小頁面

 操控示範

1 按下 Ctrl + + 鍵

2 完成放大一個層級的頁面

3 按二下 Ctrl + - 鍵　　4 完成縮小一個層級的頁面

Chrome

Windows 10

資料夾

Office

Word

Excel

PowerPoint

Outlook

⇒ 必殺技 ★★★☆☆

17 顯示最大化螢幕

若只想讓瀏覽器頁面顯示當中的內容,而不顯示網址等將頁面最大化時,可以使用最大化螢幕的F11鍵,不管是多大或多小的頁面都會被全螢幕化,想要解除的話,只要再按一次F11鍵即可回復。

≫ 這樣使用　　F11

≫ 操控示範

1 按下F11鍵

2 完成最大化螢幕

18 收入到書籤

當覺得某些網頁的內容值得收藏，或一些比較常瀏覽的網站，都可以加入到書籤中(部分瀏覽器中則是稱為我的最愛)，利用 Ctrl + D 鍵可以把目前的頁面加入到我的最愛中。

 這樣使用　　 Ctrl + D

操控示範

1 在開啟想要收入到我的最愛的網頁頁面按下 Ctrl + D 鍵

2 輸入名稱等資訊後確定

3 完成將頁面收入到我的最愛中

Chrome

Windows 10

資料夾

Office

Word

Excel

PowerPoint

OutLook

19 顯示歷程記錄

想要知道瀏覽器曾經造訪過什麼網頁時，可以利用 Ctrl + H 鍵來查看。當按下 Ctrl + H 鍵時曾經瀏覽過的網頁就會以清單的方式顯示出來，造訪的時間則是由最近造訪到網頁開始排序。

 這樣使用 Ctrl + H

 操控示範

1 按下 Ctrl + H 鍵

2 完成以清單顯示曾經造訪的頁面

20 刪除歷程記錄

若使用的是公用機，有可能自己所造訪的網頁不會想讓下一個使用者知道，這時可以使用 Ctrl + Shift + Del 鍵，將曾經的瀏覽記錄刪除，你還可以設定想刪除的時間點與曾經下載的記錄等。

》這樣使用　　Ctrl + Shift + Del

》操控示範

1 按下 Ctrl + Shift + Del 鍵

2 設定想要刪除的內容後，點選清除瀏覽資料按鈕

3 完成瀏覽資料的清除

21 回到首頁

首頁通常都是瀏覽者最常逛的網站，若想將任一個網頁設定為首頁時，最快速的方法是可以利用 Alt + Home 鍵。設定為首頁後，當下次以新的瀏覽器畫面開啟時，就會顯示這個被設定的頁面。

» 這樣使用　　Alt + Home

» 操控示範

1 按下 Alt + Home 鍵，設定此頁面為首頁

2 當下次開新瀏覽器畫面時就會顯示此畫面

筆記心得

Chrome

Windows 10

資料夾

Office

Word

Excel

PowerPoint

OutLook

微軟推出的Windows作業系統在職場的辦公室的市佔應該就不用再幫忙它打廣告了才是，而在個人電腦的領域應用中最為普遍的Windows在每時期的升級改版上，新功能的提升也都往往讓人為之驚艷。目前最新的版本是Windows 10，而本書的示範畫面也是以此版本為環境。

CHAPTER 2

Windows 10 的
暗黑鍵盤操控

keyboard

01 「確定」或「是」

當在操作電腦畫面時,最常看見的是確認畫面中會出現「確定」或「是」的確認狀況按鈕。只要按下 Enter 鍵就等同於點選「確定」或「是」的按鈕。另外,若是在安裝軟體的狀態下,Enter 鍵往往也會預設為「下一步」的按鈕。

» 這樣使用 [Enter]

» 操控示範

1 顯示確認是否將檔案刪除的畫面

刪除資料夾 ✕

您確定要將這個資料夾移到資源回收筒嗎?

Adobe Acrobat XI Pro
建立日期: 2015/1/1 上午 11:06

是(Y) 否(N)

2 按下 Enter 鍵,完成檔案刪除的動作

02 「取消」或「否」

在進行確認畫面設定時，若不想要繼續該處理動作，可以按下 Esc 鍵進行取消。而只要在此時按下 Esc 鍵，螢幕上的確認畫面就會跟著消失，取消當前的動作。

» 這樣使用　　Esc

» 操控示範

1 顯示確認是否將檔案刪除的畫面後

刪除資料夾　　　　　　　　　　　　　　×

您確定要將這個資料夾移到資源回收筒嗎？

Adobe Acrobat XI Pro
建立日期: 2015/1/1 上午 11:06

　　　　　　是(Y)　　　　否(N)

2 按下 Esc 鍵，完成取消檔案刪除的動作

Chrome

Windows 10

資料夾

Office

Word

Excel

PowerPoint

Outlook

必殺技★★★★☆☆

03 不用點選右鍵就顯示下拉選單

針對軟體的圖示或是資料夾內的檔案，想要進行開啟以外的動作時，一般都會使用點選滑鼠右鍵的▣(選單鍵)來操作其他的動作。而在鍵盤上能夠取代這個動作的按鍵，就是▣。

 這樣使用　

操控示範

1 選取軟體圖示後，按下▣

開啟(O)
開啟檔案位置(I)

疑難排解相容性(Y)
釘選到工作列(K)

還原舊版(V)

傳送到(N)　　　　＞

剪下(T)
複製(C)

建立捷徑(S)
刪除(D)
重新命名(M)

內容(R)

2 顯示該圖示的選單列

04 核取/關閉核取方塊

在有顯示核取方塊的設定畫面時,利用 Space 鍵就可以核取/關閉核取方塊。另外,利用 Tab 鍵可以循環切換設定畫面中的選項。如果利用這個二個按鍵,將可以發揮更方便的操作效果。但請切記,若核取方塊的選項是連動的(也就是只能二選一的情況下),可能就會無法利用 Tab 鍵移動到選項上。

» 這樣使用

| Space | 核取/關閉 |
| Tab | 移動 |

» 操控示範

1 按下 Space 鍵

2 勾選核取方塊

3 按下 Tab 鍵,切換至下一個選項

Chrome

Windows 10

資料夾

Office

Word

Excel

PowerPoint

Outlook

05 開啟下拉式選單

若是設定的畫面中有下拉式選單的項目時，可以利用鍵盤中的F4鍵開啟下拉式的選單。先透過下拉選單的呼叫後再利用方向鍵，就可以達到不利用滑鼠進行操作的目的。

》這樣使用　　F4

》操控示範

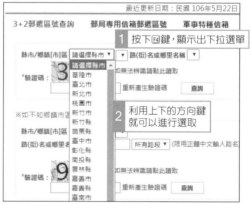

06 擷取電腦畫面

鍵盤上有一個像是照相機功能的 ⌗Print Screen⌗ 鍵，只要利用這個按鍵就可以擷取當下畫面的狀態。但這個擷取的畫面是暫存在後台中，必須要利用小畫家、Photoshop等繪圖軟體來將畫面顯示出來。

》 **這樣使用**　　　Print Screen

》 **操控示範**

1 按下 Print Screen 鍵擷取畫面

2 開啟小畫家，利用 Ctrl + V 鍵進行貼上，完成畫面的擷取

07 只要輸入部分字母就能開啟應用程式

鍵可以幫助使用者快速開啟「開始」功能的選單列,接著只要在「搜尋程式與檔案」在欄位中輸入想要開啟的程式或檔案名稱,再利用↑↓鍵的選擇與Enter鍵的開啟,就能夠不靠滑鼠開啟該程式或檔案。另外,利用 +S 鍵也可以直接開啟搜尋畫面進行檔案或程式的搜尋。

》》這樣使用　　　→輸入檔案名稱

》》操控示範

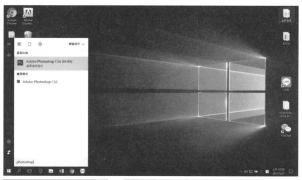

1 按下鍵擷取畫面　　　2 為了開啟Photoshop,輸入「Photoshop」

3 利用Enter鍵開啟Photoshop程式

08 將檔案或資料夾快速刪除

鍵盤有個跟刪除很有關係的按鍵，叫 Del 鍵。在選取檔案的狀態下按下 Del 鍵會將該檔案刪除，而若是在選取一段文字的狀態下按下 Del 鍵則會將該段文字進行刪除。

 這樣使用　　Del

 操控示範

　snagit

1 選取想要刪除的檔案
2 按下 Del 鍵

3 利用 Enter 鍵確認是否刪除檔案

Chrome

Windows 10

資料夾

Office

Word

Excel

PowerPoint

Outlook

09 立即終結電腦異常狀態

Ctrl + Alt + Del 鍵對常常在使用電腦的人來說絕對不會陌生才是，只要按下 Ctrl + Alt + Del 鍵就可以立即終結電腦異常狀態。在這裡除了可以切換使用者外，登入密碼的修改及登出設定在這裡都看得到。

>> 這樣使用　　Ctrl + Alt + Del

>> 操控示範

1 按下 Ctrl + Alt + Del 鍵

2 完成立即終結電腦異常狀態

10 呼叫工作管理員

當某些程式執行得太久,感覺是卡住而想要強制關閉該程式時,可以利用 Ctrl + Shift + Esc 鍵所呼叫出來的Windows工作管理員來解除程式動作。Windows工作管理員畫面在上一個介紹的登入者畫面中也可以看得到。

>> 這樣使用   Ctrl + Shift + Esc

>> 操控示範

1 按下 Ctrl + Shift + Esc 鍵

2 選擇卡住的軟體程式

3 按下「結束工作」按鈕,結束動作

Chrome

Windows 10

資料夾

Office

Word

Excel

PowerPoint

Outlook

11 強制關閉視窗、結束軟體

上一個技巧是會先呼叫出工作管理員後進行動作,但如果不想透過工作管理員強制Close掉檔案或軟體時,請試著利用 Alt + F4 鍵吧。相信這個快速鍵組合也能夠幫助你解決問題。

≫ 這樣使用　　 Alt + F4

≫ 操控示範

1 按下 Alt + F4 鍵

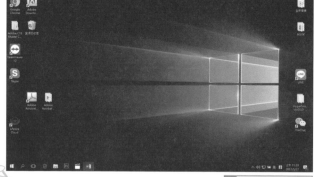

2 可強制關閉視窗

12 開啟檔案總管(我的電腦)

■+E鍵可以快速開啟電腦內容，在這個電腦畫面中可以看到該電腦內有多少硬碟磁區、光碟機，而透過左側的瀏覽窗格還可以看到我的最愛、桌面等路徑內檔案情況。關於資料夾的快速鍵操作，可以參考Chapter3的內容。

>> 這樣使用　　■ + E

>> 操控示範

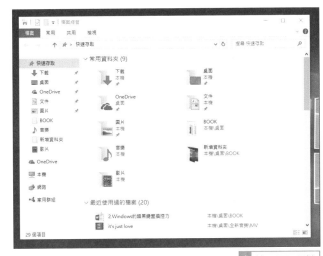

1 按下■+E鍵

2 完成開啟電腦資料夾畫面

Chrome

Windows 10

資料夾

Office

Word

Excel

PowerPoint

OutLook

13 將視窗最小化

若是想要將當前的視窗最小化時，通常的做法是點選右上角的縮小按鈕讓視窗縮小，但是只要知道按下 Alt + Space 鍵 → N 鍵也能做到一樣的效果，那麼不用滑鼠也OK。

 這樣使用 　 Alt + Space → N

 操控示範

1 按下 Alt + Space 鍵

2 按下 N 鍵將視窗最小化

14 讓非作用中視窗最小化

在開啟許多視窗的狀態下，如果只要當前的視窗開啟而讓其他的視窗最小化的話，請試著利用滑鼠左鍵點壓著您要開啟的視窗後稍微左右搖晃一下滑鼠，此時除您點壓的視窗外，其他的視窗全部都會被最小化。

》 這樣使用　　滑鼠左鍵點壓狀態下+滑鼠搖晃

》 操控示範

1 滑鼠左鍵點壓狀態下+滑鼠搖晃

2 完成最小化非作用中的視窗

15 最小化所有開啟中視窗

在前一個快速鍵組合技巧是教您如何最小化非作業中的視窗，但如果您是要將所有開啟中的視窗全部都最小化回到桌面的情況，建議可以使用⊞+Ｄ鍵，幫助您快速找回桌面。而在工作列最右方有顯示桌面▌按鈕，只要按下此按鈕也能立刻將所有視窗最小化，顯示出桌面。

≫ 這樣使用

≫ 操控示範

1 按下⊞+Ｄ鍵

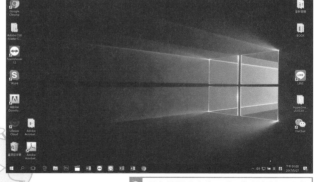

2 所有被開啟中的視窗，全部都被最小化

16　開啟電腦設定畫面

舉凡檢視電腦的基本訊息到裝置管理的設定、進階系統設定，都得要到「控制台」裡面的「系統」內進行查看或是設定。只要按下 ⊞ + Pause Break 鍵，就能快速開啟電腦設定畫面。

這樣使用　⊞ ＋ Pause Break

操控示範

1 按下 ⊞ + Pause Break 鍵

2 開啟電腦設定畫面，在此可進行相關設定

Chrome

Windows 10

資料夾

Office

Word

Excel

PowerPoint

Outlook

17 將視窗切換

此快速鍵組合可以協助您快速切換所有啟動中的程式、資料夾或檔案,只要按下 Alt + Tab 鍵就會出現切換的小視窗,而在按著 Alt 鍵的狀態下每按一次 Tab 鍵就會切換至下一個物件。當放開 Tab 鍵時小視窗會關閉,且跳出您最後所選的物件。另外, Alt + Shift + Tab 鍵則是進行反方向切換。

>> 這樣使用

Alt + Tab   視窗切換

Alt + Shift + Tab 反向視窗切換

>> 操控示範

1 在按著 Alt 鍵的狀態下點按 Tab 鍵

2 每按一次 Tab 鍵就會跳至下一個物件

3 當放開 Tab 鍵時,跳出您最後所選的物件

18 排列視窗

當想要隨心所慾地將視窗畫面上下左右移動時，可以使用⊞+↑
↓→←鍵。請注意，當往下移動是會是將視窗畫面最小化的狀態。
若想要回復，只要利用⊞+反向的方向鍵即可。

 ⊞ + ↑ ↓ → ←

1 在按著⊞+→鍵 ｜ 2 視窗畫面移到右邊

3 在按著⊞+←鍵 ｜ 4 視窗畫面移到左邊

Chrome

Windows 10

資料夾

Office

Word

Excel

PowerPoint

OutLook

19 切換螢幕顯示模式

⊞+Ｐ鍵可以快速切換螢幕的顯示模式,只要按一下就會顯示出僅有電腦、同步顯示、延伸、僅有投影機四種模式,接著只要每按一下Ｐ鍵就會依序切換模項的選取。最後在所選取的模式下按下Enter鍵,即可完成該模式的設定。

 這樣使用　 ⊞ + Ｐ

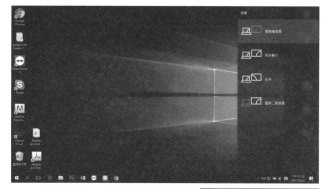 操控示範

> 1 在按著⊞鍵的狀態下點按Ｐ鍵

> 2 每按一次Ｐ鍵就會跳至下一個螢幕的顯示模式

> 3 當放開Enter鍵時,完成螢幕的顯示設定

必殺技★★★☆☆

20 顯示重要訊息中心

重要訊息中心是顯示在桌面右側的長條垂直列，裡面所提供的網路設定、Windows Defender，不但可以幫助你將電腦的連線進行設定，所有相關的電腦基本設定像是飛航模式、螢幕亮度等的設定。只要按下 +Ⓐ組合鍵，就可以顯示並進行設定出來。

» 這樣使用

» 操控示範

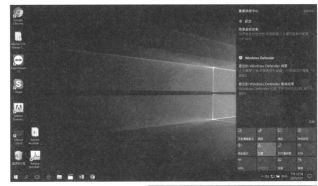

1 在顯示桌面的狀態下按下 ⊞+Ⓐ鍵

2 顯示重要訊息中心

21 Windows設定畫面

想要設定電腦相關環境，一定得要先要Windows的設定畫面。雖然Windows的設定作者認為是滿好找到的，但你可以有另外一個更快的選擇，那就是 +□鍵，舉凡『系統』、『裝置』或『個人化』的設定等，在這裡都可以找到。

這樣使用 ⊞+□

操控示範

```
設定                                          —  □  ×

                    Windows 設定

              尋找設定                    ⌕

      □              ▦              ⊕              ☑
     系統            裝置         網路和網際網路        個人化
 顯示、通知、應用程式、電   藍牙、印表機、滑鼠    Wi-Fi、飛航模式、VPN   背景、鎖定畫面、色彩
      源

      ⋏              ⌚字            ⟳              ⌂
     帳戶          時間與語言         輕鬆存取           隱私權
 您的帳戶、電子郵件、同步    語言、地區、日期     朗讀程式、放大鏡、高對比   位置、相機
 設定、工作、家庭

      ⟲
```

1 按下⊞+□鍵

2 完成顯示Windows設定畫面

22 開啟Microsoft Edge

Microsoft Edge是微軟專為Windows 10所量身設計的瀏覽器軟體，主打比原來的IE還要快且更安全。想要上網瀏覽網頁資料時，只要按下⊞+①鍵，就可以立即開啟Microsoft Edge。

 這樣使用　

≫ 操控示範

1 按下⊞+①鍵

2 完成開啟Microsoft Edge

Chrome

Windows 10

資料夾

Office

Word

Excel

PowerPoint

OutLook

23 開啟放大鏡工具

放大鏡工具可以幫助你把螢幕看得更清楚,只要按下 + 鍵就可以完成。當顯示出 ◘ 的狀態時,就可以拖動及放大/縮小放大鏡工具,對於中老年的使用者來說是個相當方便的功能。另外,只要點選放大鏡中的 ⊠,就可以進行放大倍數的設定及檢視設定。

>> 這樣使用　　[⊞] + [+]

>> 操控示範

1 在按下 ⊞+⊕ 鍵

2 開啟放大鏡工具

24 開啟「執行」對話方塊

⊞+Ⓡ鍵的組合，可以快速開啟「執行」對話方塊，接著只要輸入名稱後點選「確認」按鈕後即可開啟執行。在這裡可以執行開啟程式、資料夾或是瀏覽器的網址等等。順帶一提，小畫家的快速指令是「mspaint」。

》這樣使用　⊞ + Ⓡ →輸入指令→ Enter

》操控示範

1 按下⊞+Ⓡ鍵

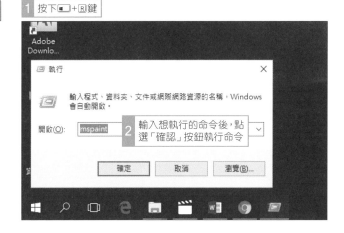

開啟(O): mspaint

2 輸入想執行的命令後，點選「確認」按鈕執行命令

Chrome

Windows 10

資料夾

Office

Word

Excel

PowerPoint

Outlook

25 Windows 10常見指令

以下是整理好在Windows 10中常會用到的指令，請視需求記下來。

指令	功能
sndrec32	錄音機
explorer	開啟檔案總管
logoff	登出指令機指令
notepad	開啟記事本
cleanmgr	磁碟垃圾整理
compmgmt.msc	電腦管理
diskmgmt.msc	磁碟管理實用程序
calc	啟動電子計算器
devmgmt.msc	裝置管理員
winver	檢查Windows版本
write	寫字板
wiaacmgr	掃瞄儀和照相機嚮導
mplayer2	媒體播放機
magnify	放大鏡實用程序
mmc	開啟控制台
mobsync	同步中心
dvdplay	DVD播放器
narrator	螢幕「講述人」
shrpubw	新增共用資料夾
secpol.msc	本機安全性原則
eventvwr	事件檢視器
eudcedit	造字程序
osk	開啟螢幕小鍵盤
odbcad32	ODBC資料來源管理員

26 呼叫「快速連結」功能表畫面

若你是剛剛接觸Windows 10的使用者，或許會對原本左下方按下開啟所出現在畫面感到有點因擾，建議您先把 ⊞ + ⊠ 鍵背下來，因為它可以呼叫「快速連結」功能表畫面。在這裡或許可以找到你想要的功能。

 這樣使用   ⊞ + ⊠

 操控示範   ① 按下 ⊞ + ⊠ 鍵

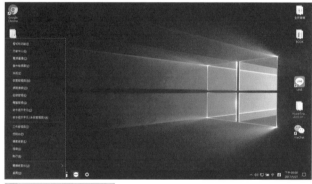

② 開啟快速連結功能表

27 切換輸入法

相信很多人都知道，切換輸入法時要使用 Ctrl + Alt 鍵，但若是你
想輸入的輸入法是中英文以外的文字時 (例如日文輸入法)，在
Windows 10的環境下你就要使用 ⊞ + Space 鍵進行輸入法的切換。

 這樣使用

 操控示範　1 按下 ⊞ + Space 鍵

2 完成輸入法的切換

28 只擷取操作中畫面

Alt + Print Screen 鍵可以只擷取操作中的視窗畫面。在按下這個組合鍵的操作時，作業系統會把所擷取的畫面先放在暫存區中，所以當下你並不會看到有任何改變，必須要透過小畫家等軟體進行貼上效果才會看得到。另外，如果只是 Print Screen 鍵，則將會擷取全螢幕，請參照Tips06。

≫ 這樣使用　　Alt + Print Screen

≫ 操控示範

1 按下 Alt + Print Screen 鍵

2 開啟小畫家軟體後按下 Ctrl + V 鍵進行貼上

3 完成擷取操作中的視窗畫面

Chrome　Windows 10　資料夾　Office　Word　Excel　PowerPoint　OutLook

29 將檔案或資料夾完全刪除

在正常刪除檔案的情況下，原始檔案只是暫存在資源回收筒的位置而已，必需要在資源回收筒中再進行刪除的動作才會將檔案刪除。如果想要將刪除的檔案不透過資源回收筒的方式直接刪除，可以對檔案按下 Shift + Del 鍵。另外，在選取資源回收筒後按下 Alt + Enter 鍵（快速顯示檔案屬性），在這裡核取「不要將檔案移到資源回收筒。在刪除檔案時立即移除」也就一鍵搞定直接刪除。

 這樣使用 　　Shift + Del

操控示範

1 在選取不要的檔案後按下 Shift + Del 鍵

2 不經過資源回收筒直接刪除

30 建立捷徑到其他路徑

建立捷徑的功能可以讓路徑很複雜的檔案位置化繁為簡，拖放到你想要指定的地方，下次只要點選這個捷徑就可以節省下不少時間。如果想要建立捷徑到其他路徑，利用按著 [Alt] 鍵的狀態＋滑鼠左鍵的拖曳。

>> 這樣使用　[Alt]＋滑鼠左鍵的拖曳

>> 操控示範

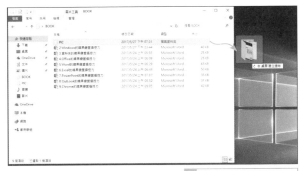

1　在選取想要建立捷徑的資料夾後按著 [Alt] 鍵

2　拖曳到桌面後完成捷徑的建立

Chrome

Windows 10

資料夾

Office

Word

Excel

PowerPoint

OutLook

31 鎖定畫面

如果電腦有很重要的資料，又不巧想要離開座位一下下時，可以利用+鍵快速進行畫面的鎖定。若是在有輸入密碼的電腦中想要回到操作畫面時，則要再次進行輸入密碼的登入確認。

» 這樣使用　

» 操控示範

1 按下■+□鍵

iSite

登入

2 需要密碼的登入畫面

32 將USB固定在工具列

USB已經是非常常見的電腦周邊擴充設備之一，如果事先將USB固定在工具列上時，當下次在進行熱插拔（Hot plugging）時，就可以快速在工具列上點選連結USB內的資料。

》 這樣使用　工具列上右鍵→工具列→新增工具列

》 操控示範

> 1 在工具列上點選右鍵，選擇「工具列」→「新增工具列」

> 2 指定抽取式磁碟後，按下「選擇資料夾」

> 2 完成將USB固定在工具列上

Chrome

Windows 10

資料夾

Office

Word

Excel

PowerPoint

OutLook

當我們要操控存在於某個根目錄下的某個資料夾內的某個檔案時，就必須要先知道該檔案的路徑在哪裡（除非你是用搜尋滴～）。所以廣義的來說，資料夾是指可以儲存各式包含檔案、程式、軟體或甚至是資料夾的路徑。而在本章節當中，要告訴你如何用鍵盤來「玩」資料夾。

CHAPTER 3

資料夾的
暗黑鍵盤操控

keyboard

01 複製檔案

講到複製檔案，雖然最常用的是 Ctrl + C / Ctrl + V 來進行。但你應該也得要知道如何利用鍵盤和滑鼠來達到相同目的的方法才是。 Ctrl +滑鼠左鍵拖曳的方式，是另一個你非知道不可的檔案複製小技巧。而如果是在不同磁區下的路徑下進行檔案拖動時，因為作業系統會自動幫你複製檔案，所以可以在不用按著 Ctrl 鍵下進行完成複製操作。

» 這樣使用　　滑鼠左鍵拖曳+ Ctrl

» 操控示範

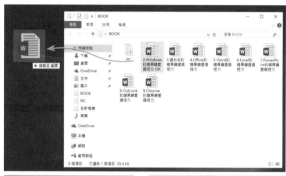

1 選取檔案後按著滑鼠左鍵　　2 按著 Ctrl 鍵，顯示+複製狀態

3 放開後即可完成複製檔案

02 移動檔案

當想要移動檔案從一個磁區到不同的磁區,而也想將來源路徑的檔案順便進行刪除時,可以利用滑鼠左鍵拖曳+ Shift 鍵來完成。你只要把這個拖曳方式想像成利用 Ctrl + X 鍵進行剪下再利用 Ctrl + V 鍵進行貼上即可。

≫ 這樣使用   滑鼠左鍵拖曳+ Shift

≫ 操控示範

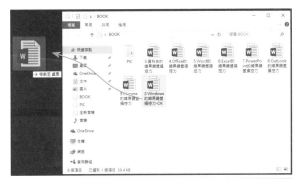

1 選取檔案後按著滑鼠左鍵   2 按著 Shift 鍵

3 放開後即可完成移動檔案

Chrome

Windows 10

資料夾

Office

Word

Excel

PowerPoint

OutLook

03 選取全部檔案

Ctrl + A 鍵可以幫助一次選取該資料夾中的所有檔案，如果你想要針對所有的檔案進行一次性的操作時，Ctrl + A 鍵絕對是你必須要先知道的快速鍵組合。在完成選取全部的檔案後，就可以依照你的目的進行操控。

>> 這樣使用　　Ctrl + A

>> 操控示範

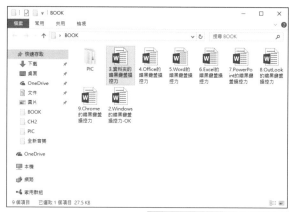

1 按下 Ctrl + A 鍵選取所有檔案

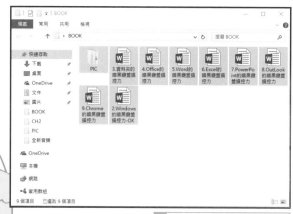

2 進行所有檔案的一次性操作

04 選取不連續檔案

若想要在資料夾當中選取不連續的檔案時，可以利用 Ctrl +滑鼠左
鍵選取的方式來一個一個進行點選。在點選完成後，就可以統一進
行移動或是複製等操作，讓你的工作更有效率。

≫ 這樣使用　　 Ctrl +滑鼠左鍵選取

≫ 操控示範

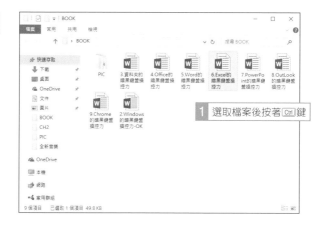

1 選取檔案後按著 Ctrl 鍵

2 點選其他檔案

3 完成選取不連續的檔案

Chrome

Windows 10

資料夾

Office

Word

Excel

PowerPoint

OutLook

05 想選取連續檔案

如果想選取的檔案剛好是資料夾中的前5或前10個檔案時，如果還是用 Ctrl 鍵加滑鼠左鍵點選的話就顯得沒有效率。這時建議可以利滑鼠搭配 Shift 鍵的方式來進行連續資料的選取。請在選取檔案後按著 Shift 鍵，再點選其他的檔案進行選取。

》 這樣使用　　Shift

》 操控示範

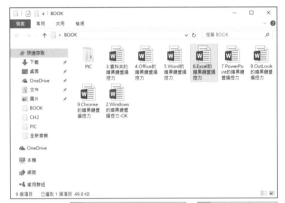

1 選取檔案後按著 Shift 鍵　　2 點選其他檔案

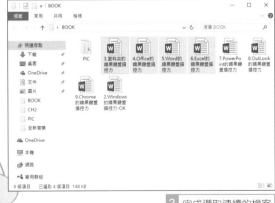

3 完成選取連續的檔案

06 開新資料夾視窗

在想要不更改原來的資料夾路徑下再開啟一個新的資料夾視窗時，可以利用 [Ctrl]+[N] 鍵來完成。開啟的資料夾並不會從電腦的根目錄開啟，而是會再開啟一個目前資料夾的視窗路徑。另外補充，如果是在Office系列或Adobe系列家族的軟體中按下 [Ctrl]+[N] 鍵，則會開啟新的一個空白檔案。

》這樣使用 [Ctrl] + [N]

》操控示範

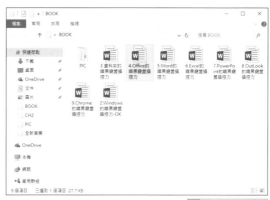

1 按下 [Ctrl]+[N] 鍵

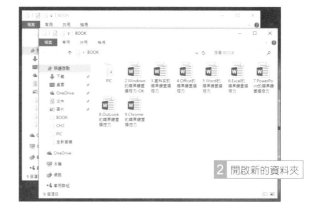

2 開啟新的資料夾

07 關閉資料夾視窗

既然學會了開啟資料夾視窗的快速鍵組合，當然也要知道如何利用鍵盤快速關閉資料夾視窗的 Alt + F4 鍵。只要把這個快速鍵組合，想像是 Ctrl + N 鍵的反向操作即可。

》這樣使用　　Alt + F4

》操控示範

1 按下 Alt + F4 鍵

2 完成關閉資料夾

08 搜尋文字

當資料夾內的檔案多到連自己都不知道想要找的檔案在哪裡時，
Ctrl + F 鍵馬上就可以幫上你的忙。只要在欄位中輸入檔案的關鍵
字，位於該資料夾或該磁區內的檔案就立馬進行符合關鍵字的檔名
搜尋。

》這樣使用　　Ctrl + F

》操控示範

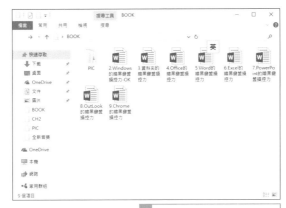

1 按下 Ctrl + F 鍵並輸入關鍵字

2 完成符合關鍵字的搜尋

09 進行複製、剪下、貼上

進行複製、剪下或貼上的快速鍵，相信你不看到這裡也知道。但為了讓不知道此快速鍵組合的讀者們了解，作者在這裡還是得提一下這幾個很常用到的快速鍵組合~。另外不只是檔案的操控，`Ctrl`+`C`鍵、`Ctrl`+`X`鍵與`Ctrl`+`V`鍵的組合針對文字或是圖片也都適用。

 這樣使用

`Ctrl`+`C`　複製

`Ctrl`+`X`　剪下

`Ctrl`+`V`　貼上

 操控示範

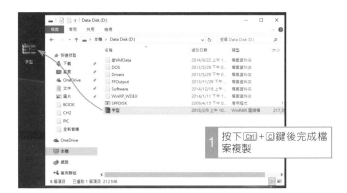

1 按下 `Ctrl`+`C`鍵後完成檔案複製

2 按下 `Ctrl`+`X`鍵後按下 `Ctrl`+`V`鍵後完成檔案剪下

10 移動至前一個路徑層級資料夾

在磁區或資料夾中按下 Alt + ↵ 鍵，可以協助您回到前一個你進入的路徑層級資料夾。最適合在點選過其他的路徑後，想回到曾經點選過的資料夾時使用。每按一次就會回到前一個路徑層級，一直到記錄開始時。

» 這樣使用

» 操控示範

> **1** 按下 Alt + ↵ 鍵

> **2** 完成移動至前一個路徑層級資料夾

Chrome

Windows 10

資料夾

Office

Word

Excel

PowerPoint

Outlook

11 移動至上個層級資料夾

既然會了 Alt + ← 鍵移動至前一個路徑層級資料夾快速鍵組合，當然也要來談談移動至上個層級資料夾的 Alt + ↑ 鍵。Alt + ↑ 鍵會就你目前資料夾的位置，逐層向上層資料夾移動。

>> 這樣使用   Alt + ↑

>> 操控示範

① 按下 Alt + ↑ 鍵

② 完成移動至上個層級資料夾

12 變更檔案或資料夾名稱

雖然在選取檔案或資料夾時點擊滑鼠左鍵一下可以變更檔案名稱，但如果在進行選取加點選時不小心按到二下變成了開啟檔案或資料夾的話，是真的有那麼點不方便。如果你也有這樣手殘的經驗，那我建議你可以在選取檔案或資料夾後按下 F2 鍵，進行檔名的變更。

》 這樣使用　　F2

》 操控示範

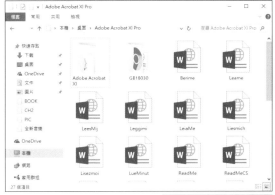

1 選取檔案後按下 F2 鍵

2 變更名稱後按下 Enter 鍵，完成檔名的變更

Chrome

Windows 10

資料夾

Office

Word

Excel

PowerPoint

Outlook

13 手動連續變更檔案或資料夾名稱

接著這個操控技巧,將延續前一個變更檔名的技巧做說明。試想如果在資料夾中想手動一個一個變更檔名時,每一次都要點選檔名變更成輸入的狀態再做檔名的輸入,看起來這樣似乎是有點那麼不人道。但如果搭配 Tab 鍵進行下一個檔案名稱的切換,相信可以讓你的同事刮目相看。

 這樣使用　　F2 → Tab

» 操控示範

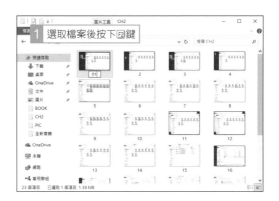

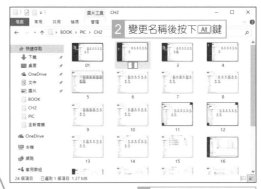

3 進行下一個檔名的變更

14 一次變更資料夾內所有檔名

想要一口氣就完成變更資料夾內所有的檔名時，可以試著組合已經
學過的 [Ctrl]+[A] 鍵（全選）與 [F2] 鍵（變更檔名）看看，相信會將你
的工作效率一次提升。當遇到再多要變更檔名的資料也就不怕了。

» 這樣使用　　[Ctrl] + [A] → [F2]

» 操控示範

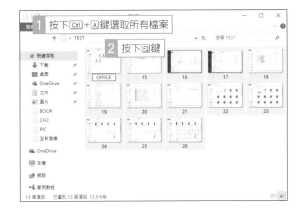

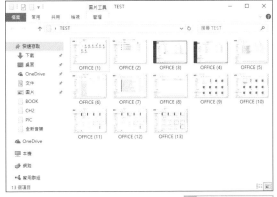

Chrome

Windows 10

資料夾

Office

Word

Excel

PowerPoint

Outlook

15 將資料夾以新視窗開啟

在資料夾中點選某個資料夾時，電腦會以層級的方式進入到新層級資料夾中。但如果你想要將下一個層級的資料夾以新視窗開啟時，就得要先知道 Ctrl +滑鼠左鍵點選二下的功用。以新視窗開啟，讓你的畫面也能夠同時保有原本的資料夾路徑。

» 這樣使用　　Ctrl +點選滑鼠左鍵二下

» 操控示範

進階操控

→ 必殺技 ★★★★★

Chrome

Windows 10

資料夾

Office

Word

Excel

PowerPoint

OutLook

16 在不開啟檔案的狀態下進行列印

此快速鍵操控是由二個步驟所組合而成的效率技巧，一個是 Shift
+ F10 鍵的開啟快顯功能表（也就是點選滑鼠右鍵時出現的選單），
另一個則是進行列印。如果你已經知道檔案沒有版面上的問題，想
要在不開啟檔案的狀態下進行列印（而且還可以在選擇多個檔案後
進行），不覺得很神嗎~。

» 這樣使用   Shift + F10 →列印選項

» 操控示範

1 選取檔案後按下 Shift + F10 鍵

2 點選「列印」選項

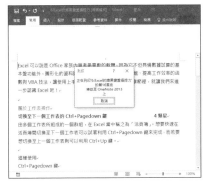

3 完成檔案的列印操作

微軟Office家族系列的產品，一直以來可以說是安裝電腦時的必備軟體。當然，面對這個基本的軟體一定也要學會幾招相對應的快速鍵操控才是。在這個章節中將會針對Office家族軟體共用性的快速鍵進行介紹，而各別Word、Excel或PowerPoint軟體的快速鍵操控，將會交由後面的章節進行詳細的說明。

CHAPTER 4

Office的
暗黑鍵盤操控

keyboard

01 顯示各功能列快速鍵

Alt 鍵可以讓Office家族軟體上相對的鍵盤功能快速鍵顯示出來,你只要依序對照著畫面上所顯示的英文字母或數字進行鍵盤的輸入,就能夠完成你想要進行的操作。另外,利用 F10 鍵也可以完成相同的效果。

» 這樣使用 Alt

» 操控示範

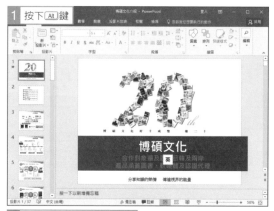

1 按下 Alt 鍵

2 完成顯示各功能列快速鍵

3 依照需求進行英文字母或數字的輸入

02 隱藏或顯示功能區

自從Office 2007重大改版以來，不管是Word、Excel還是PPT，Office
上方的介面自此就多了這麼一個功能區的區塊。如果想要讓功能區
暫時隱藏起來，試著按下 Ctrl + F1 鍵看看。若想要再次顯示時，可
以再按一次 Ctrl + F1 鍵。

» 這樣使用 　 Ctrl + F1

» 操控示範

1 按下 Ctrl + F1 鍵

2 完成功能區的隱藏

Chrome

Windows 10

資料夾

Office

Word

Excel

PowerPoint

Outlook

03 建立新空白檔案

建立新空白檔案可以說是所有要開始進行新檔案編製時的第一個步驟，Ctrl＋N鍵可以協助您快速開啟一個新的檔案。可以把N想成是New，相信可以幫助你快速記憶。

 這樣使用　　Ctrl ＋ N

 操控示範

1 按下 Ctrl ＋ N 鍵

2 完成新檔案的開啟

04 顯示[開啟]對話方塊

想要開啟已存檔的檔案再次進行編修或是列印等操作時，[Ctrl]+[O]
鍵可以快速開啟[開啟舊檔]對話方塊，接著再次選擇想要開啟的檔
案後執行開啟。可以把[O]想成是Open。

>> 這樣使用   [Ctrl] + [O]

>> 操控示範

1 按下[Ctrl]+[O]鍵

2 完成開啟[開啟舊檔]對話方塊

05 顯示[列印]對話方塊

將好不容易完成的電子檔案列印成紙稿時，`Ctrl` + `P` 鍵可以快速協助開啟「檔案」索引標籤底下的「列印」選項。只要在依需求指定設定後，再次按下「列印」按鈕即可完成列印。可以把 `P` 想成是 Print。

» 這樣使用　　`Ctrl` + `P`

» 操控示範

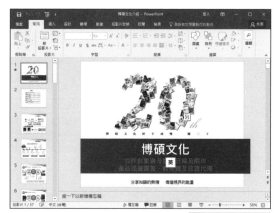

1 按下 `Ctrl` + `P` 鍵

2 完成開啟[印列]對話方塊

06 顯示[另存新檔]對話方塊

在完成檔案編修後進行檔案的儲存時，可以利用F12鍵開啟[另存新檔]對話方塊，在指定檔案名稱後進行儲存。和此快速鍵一樣進行另存新檔的方法還有一組，建議你也可以試試看 Alt + F → A 鍵的組合。

» 這樣使用　F12（ Alt + F → A ）

» 操控示範

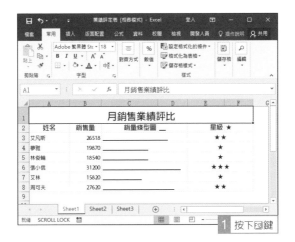

1 按下F12鍵

2 完成開啟[另存新檔]對話方塊

Chrome

Windows 10

資料夾

Office

Word

Excel

PowerPoint

OutLook

07 覆蓋已有儲存路徑檔案

若想要進行儲存的檔案已有原本的路徑，而又想針對此檔案進行覆蓋處理時，可以試著按下 Ctrl + S 鍵。Ctrl + S 鍵會直接在後台進行該檔案的覆蓋儲存，若是在沒有此檔案儲存路徑的情況下按下此組合鍵時，則會跳出[另存新檔]對話方塊。

≫ 這樣使用　　Ctrl + S

≫ 操控示範

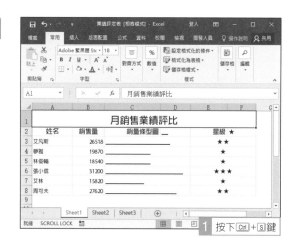

1 按下 Ctrl + S 鍵

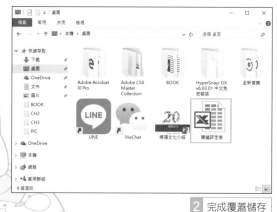

2 完成覆蓋儲存

08 關閉選定檔案

Ctrl+W鍵可以協助快速關閉檔案。若是該檔案在有進行編修且尚未儲存檔案的情況下按下此組合鍵時，Office會自動跳出是否儲存檔案的提示方塊。而若是已有儲存最新的編修檔案的話，則會直接關閉該檔案。

這樣使用 Ctrl + W

操控示範

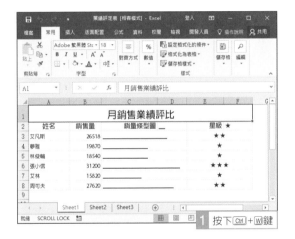

1 按下 Ctrl+W 鍵

2 完成檔案的關閉

功能操作 必殺技★★★☆☆

Chrome Windows 10 資料夾 Office Word Excel PowerPoint OutLook

月銷售業績評比

姓名	銷售量	銷量條型圖	星級 ★
艾凡斯	26518		★★
夢雅	19870		★
林俊�	18540		★
張小雯	31200		★★★
艾林	15820		★
周可夫	27620		★★

87・Chapter 4　Office的暗黑鍵盤操控

09 復原上一個動作

當操作錯誤想要回復到上一個操作的狀態時，Ctrl + Z 鍵可以協助快速完成這個心願，而此快速鍵組合在Adobe的系列產品中是相同的功能。若是想取消復原或重複上一個動作時，則可以利用 Ctrl + Y 鍵。

》 這樣使用

Ctrl + Z　復原上一個動作

Ctrl + Y　取消復原上一個動作

》 操控示範

1 按下 Ctrl + Z 鍵

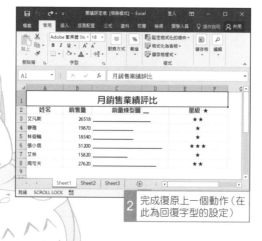

2 完成復原上一個動作（在此為回復字型的設定）

10 快速放大/縮小顯示比例

如果想要放大/縮小頁面的顯示比例時,當然是可以利用視窗右下的顯示比例進行設定,但如果懂得 Ctrl 加上滑鼠滾輪的配合技巧,相信會讓你的同事感到欽佩。 Ctrl +滑鼠滾輪向上滾動會放大頁面, Ctrl +滑鼠滾輪向下滾動則會縮小畫面。

≫ 這樣使用 Ctrl +滑鼠滾輪

≫ 操控示範

1 按著 Ctrl +向上滾動滑鼠滾輪

2 所顯示的頁面比例被放大了

Chrome

Windows 10

資料夾

Office

Word

Excel

PowerPoint

OutLook

11 設定粗體、斜體、底線

字型的設定在文句的層級表示或是標題設定來說，是個非常重要要知道的操作。在這裡一次和您分享三個字型設定快速鍵，包括設定字型粗體的 Ctrl + B 鍵 (Bold)、字型斜體的 Ctrl + I 鍵 (Italic)、字型底線的 Ctrl + U 鍵 (Under Line)。若是想要取消該字型設定，則要再次按下該字型設定的組合鍵。

» 這樣使用

Ctrl + B　粗體

Ctrl + U　斜體

Ctrl + V　底線

» 操控示範

1 選取字型後按下 Ctrl + B 鍵與 Ctrl + I 鍵

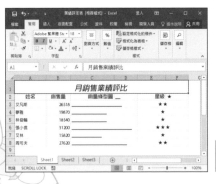

2 完成字型粗體與斜體的設定

12 取代字串

若想要一次性針對檔案中的特定字串進行取代時，可以利用 ⌈Ctrl⌉ +⌈H⌉鍵所呼叫出的「尋找及取代」對話方塊進行。在此對話方塊當中的「取代」按鈕會依序尋找第一筆並進行取代，方便一個個比對。另外，如果只是想找尋檔案當中特定的字串而不是進行取代時，則可以利用⌈Ctrl⌉+⌈F⌉鍵。

≫ 這樣使用

⌈Ctrl⌉ + ⌈H⌉　取代

⌈Ctrl⌉ + ⌈F⌉　尋找

≫ 操控示範

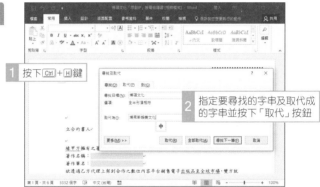

1 按下⌈Ctrl⌉+⌈H⌉鍵

2 指定要尋找的字串及取代成的字串並按下「取代」按鈕

3 完成特定字串的取代

13 複製與貼上格式

前面的技巧中提到過複製與貼上的 Ctrl + C 鍵 / Ctrl + V 鍵組合，但若只是要複製該字串的格式，就得利用到複製格式的 Ctrl + Shift + C 鍵與貼上格式的 Ctrl + Shift + V 鍵，快速完成格式複製。補充一點，若要貼上的地方不只是只有一個地方時，可以連續對貼上按鈕點選滑鼠左鍵二下Lock住格式，接著你就可以無限次地貼上你想要的格式。

》 這樣使用

Ctrl + Shift + V   複製格式

Ctrl + Shift + X   貼上格式

》 操控示範

1 選取想要進行複製的格式字串後按下 Ctrl + Shift + C 鍵

2 選取想要進行貼上的格式字串後按下 Ctrl + Shift + V 鍵

3 完成格式的複製與貼上

14 進行選擇性貼上

在複製輸入有公式的儲存格後貼上新的位址時，有時候會只想複製所顯示的值而不希望連同公式一併複製，相信你會常常遇到這樣的情況。此時，Ctrl + Alt + V 鍵就可以協助你快速貼上你所指定的格式，但別忘了事先需要進行複製的操作才行。

 這樣使用 Ctrl + Shift + V

 **操控示範**

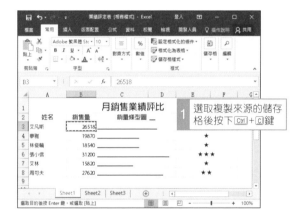

1 選取複製來源的儲存格後按下 Ctrl + C 鍵

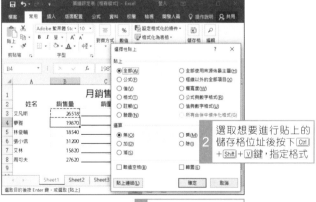

2 選取想要進行貼上的儲存格位址後按下 Ctrl + Shift + V 鍵，指定格式

3 完成指定格式的貼上

15 顯示快顯功能表清單

在不同的選取狀態下點選滑鼠右鍵時，會顯示出不同的功能選單，
而這些選單內的項目都可以幫助你快速進行相關的操作。如果滑鼠
右鍵卡卡時沒關係，Shift + F10 鍵一樣可以呼叫出快顯功能表清單。

》 這樣使用　　Shift + F10

》 操控示範

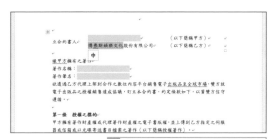

1 選取字串的狀態下按下 Shift + F10 鍵

2 完成快顯功能表清單的顯示

16 視窗最大化

若想要將Word、Excel或是PowerPoint的視窗最大化時，可以試著利用 Ctrl + F10 鍵來完成。而若是想再次回復到原本的大小，則可以再次按下 Ctrl + F10 鍵。

≫ 這樣使用　　 Ctrl + F10

≫ 操控示範

1 按下 Ctrl + F10 鍵

2 完成視窗的最大化

Chrome　Windows 10　資料夾　Office　Word　Excel　PowerPoint　OutLook

17 切換輸入法

因為每個人所習慣的輸入法不見得會相同,所以有時候在同一台電腦內安裝多個輸入法也不是一件奇怪的事。如果想要快速切換輸入法,沒有比利用 [Ctrl] + [Shift] 鍵還要更有效率的方法了。另外,切換全形/半形的 [Shift] + [Space] 鍵、切換中英文輸入法的 [Ctrl] + [Space] 鍵、切換不同語系的 [Alt] + [Shift] 鍵建議你都可以試著記記看。

 這樣使用

[Ctrl] + [Shift]　切換輸入法

[Ctrl] + [Space]　切換中英文輸入法

[Alt] + [Shift]　切換不同語系

操控示範

1 按下 [Ctrl] + [Shift] 鍵

2 完成切換輸入法

筆記心得

Chrome

Windows 10

資料夾

Office

Word

Excel

PowerPoint

OutLook

Word是一套出色又容易上手的文書處理軟體，它結合了文字編輯、表格製作、圖形編輯、版面設計等功能，不但可以幫助您在職場上製作報告、企劃案，也能進行長文件的處理。掌握住Word的快速鍵操控技巧後，絕對能讓你的文件更有效率地被製作。

Word的
暗黑鍵盤操控

keyboard

01 移動至頁首與移動至頁尾

當你的Word文件越編寫越長時,若要回到最開始的頁首時,往往要透過右側的捲軸來上下移動。此時,建議你不妨利用 Ctrl + Home 鍵的組合快速回到文件的頁首,而若是要快速移動要頁尾時則可以利用 Ctrl + End 鍵。

>> 這樣使用

Ctrl + Home 　移動至頁首

Ctrl + End 　移動至頁尾

>> 操控示範

1 按下 Ctrl + Home 鍵,移動至頁首

2 按下 Ctrl + Home 鍵,移動至頁尾

02 移動至行首與行尾

Word除了頁首與頁尾的快速移動外，也可以針對Word中每一行的行首與行尾來快速移動。請試試看 Home 鍵和 End 鍵，一定會讓你在工作上事半功倍。另外，若是遇到瀏覽器頁面時，這組的快速鍵也是有效的。

》 這樣使用

Home　移動至行首

End　移動至行尾

》 操控示範

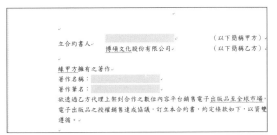

1 按下 Home 鍵，移動至頁首

2 按下 End 鍵，移動至頁尾

Chrome

Windows 10

資料夾

Office

Word

Excel

PowerPoint

Outlook

03 分割視窗

想要參照相同檔案內位於不同區域的資料時，往往會苦於相離的位置太遠而不方便進行參照。這時，Ctrl＋Alt＋S鍵可以幫助你將Word的頁面一分為二，如此透過個別的捲軸移動，就可以另一個分割的視窗想要參照哪裡就移到哪裡，完全不影響原本的視窗。

 這樣使用　Ctrl ＋ Alt ＋ S

這樣使用 操控示範

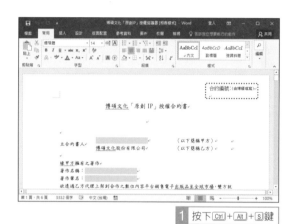

1 按下 Ctrl ＋ Alt ＋ S 鍵

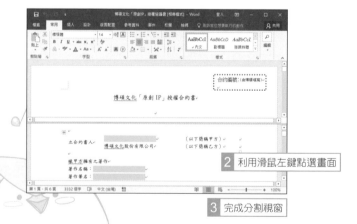

2 利用滑鼠左鍵點選畫面

3 完成分割視窗

04 移動至下一個段落與上一個段落

最多人使用Word的目的是用來打報告或是寫文章，而文章中間的段落區分能夠讓讀者更容易辨別各段落主旨的重點。在Word中特別準備了 Ctrl + ↓ 鍵和 Ctrl + ↑ 鍵，讓使用者可以隨心所欲地快速移動到下一個/上一個段落內。

》 這樣使用

Ctrl + ↓　　移動至下一個段落

Ctrl + ↑　　移動至上一個段落

》 操控示範

1 按下 Ctrl + ↓ 鍵

1 完成移動至下一個段落

05 選取至文章開頭與文章結尾

要選取段落中的某段文字,利用滑鼠左鍵點選不放進行拖動,聽起來是個很有效率的方法。but若這個時間要是滑鼠卡卡的話,那就建議你先把以下這二個組合鍵學起來吧! Ctrl + Shift + Home 可以協助快速選取至文章的開頭,而 Ctrl + Shift + End 組合鍵則可以幫助你快速選取至文章結尾。另外,若只是選取字串的話,試著玩玩 Shift + ↑ ↓ → ← 鍵吧!

 這樣使用

Ctrl + Shift + Home　選取至文章開頭

Ctrl + Shift + End　選取至文章結尾

Shift + ↑ ↓ 　　　選取至文章結尾

 操控示範

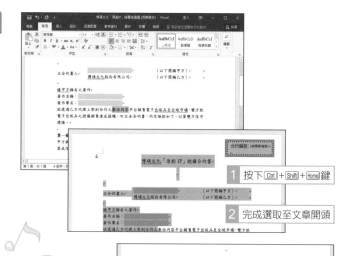

1 按下 Ctrl + Shift + Home 鍵

2 完成選取至文章開頭

3 按下 Ctrl + Shift + End 鍵　4 完成選取至文章結尾

06 移動到特定位置

當你的Word文件內的資料多到一個不行時，若想要移動到文件內特定的位置時，可以試著按按 Ctrl + G 鍵。利用 Ctrl + G 鍵所開啟的「尋找及取代」→「到」索引標籤內的項目指定，就可以想到哪裡就移動到哪裡。

 Ctrl + G

1 按下 Ctrl + G 鍵

2 開啟的「尋找及取代」

3 輸入要移動的位置後按「下一位置」

4 完成位置的移動

Chrome

Windows 10

資料夾

Office

Word

Excel

PowerPoint

OutLook

07 快速計算字數

想要知道目前的Word文件內有多少文字時，可以不用那麼辛苦一個字一個字地數，因為Word內建的「字數統計」功能可以幫你秒算出目前的字數。而能夠呼叫這個功能的快速鍵，就是 Ctrl + Shift + G 鍵。

▶ 這樣使用 　Ctrl + Shift + G

▶ 操控示範

1 按下 Ctrl + Shift + G 鍵

2 開啟「字數統計」並顯示統計的字數

快速移動圖片

在Word中想要快速移動圖片，不一定只能靠滑鼠的拖曳才能完成，雖然筆者也不得不承認滑鼠真的很好用~。但是，你也可以試著利用本Tips的介紹方法看看，利用滑鼠搭配著鍵盤，讓你的圖片想要到哪就指定到哪。

》 這樣使用　　F2 →點選位置→ Enter

》 操控示範

1 在選取圖片的狀態下，按下F2鍵

2 利用滑鼠指定想移動至的位置

3 按下Enter鍵，完成位置的移動

Chrome

Windows 10

資料夾

Office

Word

Excel

PowerPoint

OutLook

09 顯示[字型]對話方塊

在Word中想要設定字型，雖然也可以直接利用上方的群組直接進行設定，但若是想設定更多元的文字效果，建議您不妨使用以 Ctrl + D 鍵所呼叫出的「字型」對話方塊進行設定。此對話方塊除了基本的「字型」索引標籤外，也提供「進階」索引標籤方便您進行設定。

 這樣使用　　Ctrl + D

操控示範

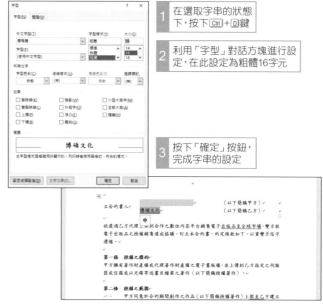

1 在選取字串的狀態下，按下 Ctrl + D 鍵

2 利用「字型」對話方塊進行設定，在此設定為粗體16字元

3 按下「確定」按鈕，完成字串的設定

10 插入分頁符號

分頁符號的效果是在Word段落的某個地方結束後，想要讓次頁以強制起始頁方式來編排時會使用到的功能，而若想要秒殺插入分頁符號，就一定要知道 ⌈Ctrl⌉ + ⌈Enter⌉ 鍵的組合。學會這招，就可以不用死命地按 ⌈Enter⌉ 鍵了。

» 這樣使用　　⌈Ctrl⌉ + ⌈Enter⌉

» 操控示範

1　在想要插入分頁符號的地方，按下 ⌈Ctrl⌉ + ⌈Enter⌉ 鍵

2　自插入分頁符號後的內容，均在次頁顯示

Chrome

Windows 10

資料夾

Office

Word

Excel

PowerPoint

OutLook

11 強制換行

相信很多人在還不知道可以利用 [Shift] + [Enter] 鍵強制換行前，應該是死命地用 [Enter] 來換「行」才是。正常來說，在同一個段落時想要換行時，就應該要利用 [Shift] + [Enter] 鍵。因為若是沒有按照這個規則的話，當在進行調整「段落間距」時，您就會發現自己的Word怎麼版型大亂了說…。

≫ 這樣使用　[Shift] + [Enter]

≫ 操控示範

1 在想要強制換行的地方，按下 [Shift] + [Enter] 鍵

2 完成強制換行

12 置中、靠右對齊與左右對齊

置中、靠右對齊與左右對齊的段落調整，就如同字面上的字意相同，應該不用筆者多做解釋才是。置中的 Ctrl + E 鍵、靠右對齊的 Ctrl + R 鍵與左右對齊的 Ctrl + J 鍵，能夠協助您更快速地設定文章段落的設定，算是很常用的功能之一，要切記。

» 這樣使用

Ctrl + E 　置中

Ctrl + R 　靠右對齊

Ctrl + J 　左右對齊

» 操控示範

1 選取想要變更顯示位置的段落

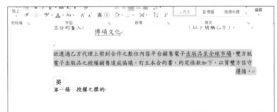

2 試著按下 Ctrl + E 鍵、Ctrl + R 鍵與 Ctrl + J 鍵

3 分別顯示置中、靠右對齊與左右對齊的樣式

Chrome

Windows 10

資料夾

Office

Word

Excel

PowerPoint

Outlook

13 設定首行凸排

在首行凸排的情況中，段落的第二行之後的各行皆會較第一行內縮。若要新增首行凸排，除了使用尺規外，你還可以有使用 Ctrl +T 鍵的選擇。另外，若是想要取消首行凸排的設定，可以試著使用 Ctrl + Shift +T 鍵進行移除。

>> 這樣使用

Ctrl + T　　　　首行凸排

Ctrl + Shift + T　　取消首行凸排

>> 操控示範

1 將滑鼠游標移至想要設定首行凸排的段落

> 欲透過乙方代理上架到合作之數位內容平台銷售電子出版品至全球市場，雙方就電子出版品之授權銷售達成協議，訂立本合約書，約定條款如下，以資雙方信守遵循。
>
> 英
>
> **第一條 授權之標的**
> 甲方擁有著作財產權或代理著作財產權之電子書版權，並上傳到乙方指定之伺服器或信箱或以光碟寄送書目檔案之著作（以下簡稱授權著作）。
>
> **第二條 授權之範圍**
> 一、　甲方同意於合約期間創作之作品（以下簡稱授權著作）上架至乙方建立或簽約合作的數位內容平台上進行銷售以及後續收款及分帳事宜，甲方同意乙方可與其合作夥伴共同合作產支銷售業務之拓展。

2 按下 Ctrl +T 鍵

> 立合約書人：　　博碩文化　　　　　　（以下簡稱乙方）
>
> 欲透過乙方代理上架到合作之數位內容平台銷售電子出版品至全球市場，雙方就電子出版品之授權銷售達成協議，訂立本合約書，約定條款如下，以資雙方信守遵循。
>
> 英
> **第一條 授權之標的**
> 甲方擁有著作財產權或代理著作財產權之電子書版權，並上傳到乙方指定之伺服器或信箱或以光碟寄送書目檔案之著作（以下簡稱授權著作）。
>
> **第二條 授權之範圍**
> 一、　甲方同意於合約期間創作之作品（以下簡稱授權著作）上架至乙方建立或簽約合作的數位內容平台上進行銷售以及後續收款及分帳事宜，甲方同意乙方可與其合作夥伴共同合作產支銷售業務之拓展。

3 完成首行凸排的設定

14 設定單行間距

單行間距的設計，可以幫助你將文章內的行距快速地進行統一的設定。只要透過 [Ctrl] + [1] 鍵的組合，馬上讓你的文章看起來不會那麼地雜亂無章。另外，除了 [Ctrl] + [1] 鍵可以設定間距為1cm外，2倍行高的 [Ctrl] + [2] 鍵與1.5倍行高的 [Ctrl] + [5] 鍵也都可以試著設定看看。

» 這樣使用

[Ctrl] + [1]　單行間距

[Ctrl] + [2]　2倍行高

[Ctrl] + [5]　1.5倍行高

» 操控示範

1 將滑鼠游標移至想要設定單行間距的段落

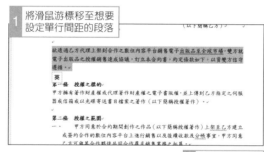

2 按下 [Ctrl] + [2] 鍵

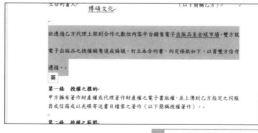

3 完成單行間距的設定

Chrome

Windows 10

資料夾

Office

Word

Excel

PowerPoint

Outlook

15 開啟「追縱修訂」功能

若同一份文件是由多個使用者進行編輯時,為了讓最後的使用者知道前一位修改者修改了了哪些內容時,就是按下 Ctrl + Shift + E 鍵讓追縱修訂功能該出場的時候了。若是想要關閉追縱修訂的功能,則可以再次按下 Ctrl + Shift + E 鍵。

》這樣使用 Ctrl + Shift + E

》操控示範

> 立合約書人:　　　　　　博碩文化　　　　　　（以下簡稱乙方）
>
> 欲透過乙方代理上架到合作之數位內容平台銷售電子出版品至全球市場,雙方就電子出版品之授權銷售達成**英**,訂立本合約書,約定條款如下,以資雙方信守遵循。
>
> **第一條　授權之標的**
> 甲方擁有著作財產權或代理著作財產權之電子書版權,並上傳到乙方指定之伺服器或信箱或以光碟寄送書目檔案之著作(以下簡稱授權著作)。
>
> **第二條　授權之範圍**
> 一、　甲方同意於合約期間創作之作品(以下簡稱授權著作)上架至乙方建立或簽約合作的數位內容平台上進行銷售以及後續收款及分帳事宜,甲方同意乙方可與其合作夥伴共同合作展布銷售業務

1 按下 Ctrl + Shift + E 鍵開啟追縱修訂的功能

> 立合約書人:　　　　　　博碩文化　　　　　　（以下簡稱乙方）
>
> 欲透過乙方代理上架到合作之的數位內容平台銷售電子出版品至全球市場,雙方就電子出版品之授權銷售達成**中**,訂立本合約書,約定條款如下,以資雙方信守遵循。
>
> **第一條　授權之標的**
> 甲方擁有著作財產權或代理著作財產權之電子書版權,並上傳到乙方指定之伺服器或信箱或以光碟寄送書目檔案之著作(以下簡稱授權著作)。
>
> **第二條　授權之範圍**
> 一、　甲方同意於合約期間創作之作品(以下簡稱授權著作)上架至乙方建立或簽約合作的數位內容平台上進行銷售以及後續收款及分帳事宜,甲方同意乙方可與其合作夥伴共同合作展布銷售業務

2 進行修改時,會顯示追縱修訂

16 加上註解

文章的內容中遇到有需要解釋的「專有名詞」，或是編修者想要加註什麼樣的內容讓其他使用者知道時，可以使用加上註解的 Alt ＋ Ctrl ＋ M 鍵，幫助編修者補充想要表達的內容。

 這樣使用　　Alt ＋ Ctrl ＋ M

 操控示範

1 按下 Alt ＋ Ctrl ＋ M 鍵

2 完成加上註解的設定

Chrome　Windows 10　資料夾　Office　Word　Excel　PowerPoint　Outlook

17 開啟「樣式」工作窗格

若你是經常使用Word進行排版的使用者，那麼你就不能不知道現在
要介紹的「樣式」工作窗格。「樣式」工作窗格可以事先將常用的
樣式進行設定，只要利用 Ctrl + Alt + Shift + S 鍵所呼叫出的「樣式」
工作窗格內指定樣式，就能夠快速進行樣式的設定。另外，若想要
直接套用，也可以利用 Ctrl + Shift + S 鍵直接呼叫出「套用樣式」工
作窗格。

 這樣使用

Ctrl + Alt + Shift + S 　　樣式

Ctrl + Shift + S 　　　　　套用樣式

操控示範

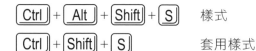

1 按下 Ctrl + Alt + Shift + S 鍵開啟「樣式」工作窗格

2 進行選取要進行樣式變更的字串，並指定樣式

3 完成樣式的設定

18 移除段落樣式

既然已經知道了如何設定文章的段落樣式，那麼也就得該知道如何將樣式進行移除。只要利用 Ctrl + Q 鍵，就能夠快速進行段落樣式的移除。當想要快速回復到沒有段落樣式的格式時，相當方便。

 這樣使用 [Ctrl] + [Q]

>> 操控示範

1 選取段落後按下 Ctrl + Q 鍵

2 完成段落樣式的移除

Chrome

Windows 10

資料夾

Office

Word

Excel

PowerPoint

Outlook

19 切換至整頁模式

在絕大多數Word正常開啟的狀態下，Word的頁面都是以整頁模式的狀態開啟。若不是整頁模式的狀態時，Ctrl＋Alt＋P鍵可以幫助你快速切換回來。當然，你也可以利用Ctrl＋Alt＋O鍵切換成大綱檢視模式，或是利用Ctrl＋Alt＋N鍵切換成草稿檢視模式。另外，在Word畫面的右下角藏有模式的快速切換按鈕，這幾種的頁面模式您都可以試著切換看看。

 這樣使用

Ctrl ＋ Alt ＋ P	整頁模式
Ctrl ＋ Alt ＋ O	大綱模式
Ctrl ＋ Alt ＋ N	草稿檢視模式

操控示範

1 在非整頁模式的狀態下按下 Ctrl＋Alt＋P鍵

2 完成切換成整頁模式

20 加入項目符號

若想對已輸入完成的段落設定為條列式的項目時，可以使用 Ctrl + Shift + L 鍵加入項目符號(在此為預設的●項目符號)。項目符號的置入，可以幫助文章的敘述更加清楚明白。

 這樣使用　　Ctrl + Shift + L

 操控示範

1 選取要加入項目符號的段號後按下 Ctrl + Shift + L 鍵

2 完成加入項目符號的設定

21 插入目前日期

在Word中若想要插入今天的日期時，可以使用 Alt + Shift + D 鍵來快速完成。若是在其他的日期中想要更新此日期的資訊時，也可以利用 F9 按鈕進行立即的更新。另外，除了插入日期外，利用 Alt + Shift + T 鍵則可以插入目前的時間(把 D 想成是Date、T 想成是Time，應該是可以幫助你快速記憶才是)。

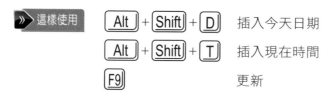

» 這樣使用

| Alt | + | Shift | + | D | 插入今天日期 |

| Alt | + | Shift | + | T | 插入現在時間 |

F9　　　　　　　　　　更新

» 操控示範

博碩文化「原劇 IP」授權合約書

合約編號：(由博碩填寫)

1 在想要插入日期的地方按下 Alt + Shift + D 鍵

2 完成今天日期的插入

2017/5/28

22 加上頁碼

除了 Alt + Shift + D 鍵和 Alt + Shift + T 鍵可各自完成插入日期與頁碼
外,利用 Alt + Shift + P 鍵還可以立即插入當前的頁碼(沒錯,只要把
P 想成是Page就對了~)。

» 這樣使用　　 Alt + Shift + P

» 操控示範

1 在想要插入當前頁碼地
方按下 Alt + Shift + P 鍵

2 完成加上頁碼的插入

Chrome

Windows 10

資料夾

Office

Word

Excel

PowerPoint

OutLook

23 將英文變換為大小寫

在使用Word時，時常會碰到需要將英文字母調整為大寫或小寫等情況，為了縮短輸入切換的時間，先將文章全部輸入完成後再透過 Shift + F3 鍵來轉換大小寫也不失為一個省時又有效率的方法，請務必試著看看唷！

》這樣使用　Shift + F3

》操控示範

1 在選取想要轉換為大寫的字母後按下 Shift + F3 鍵

2 完成字母的大寫變換

24 回復到剛剛作業的位置

除了剛剛介紹的 Shift 加上 F3 的功能鍵外，當 Shift 加上 F5 功能鍵也是一個筆者認為一定要知道的組合快速鍵之一。 Shift + F5 鍵可以讓你的滑鼠游標快速回覆到上一個作業的位置。

» 這樣使用　　Shift + F5

» 操控示範

1 按下 Shift + F5 鍵

2 完成回復到剛剛滑鼠游標的作業位置

Chrome

Windows 10

資料夾

Office

Word

Excel

PowerPoint

OutLook

25 快速輸入©與快速輸入®

在文章中是不是常常會看到像是©或®的特殊符號,若是筆者之前的做法一定是用Google搜尋「C+圓圈」後,看有哪位網友有把這個字Key在網頁上,再把©進行複製&貼上(現在想起來還覺得自己滿聰明滴~)。但現在你只要記得 Alt + Ctrl + C 鍵可以輸入©, Alt + Ctrl + R 鍵可以輸入®,就不用再對這二個特殊符號頭大囉!補充,©是Copyright的縮寫,®則是Register的縮寫。

 這樣使用

| Alt | + | Ctrl | + | C | 快速輸入© |

| Alt | + | Ctrl | + | R | 快速輸入® |

>> 操控示範

1 在想要輸入©的地方按下 Alt + Ctrl + C 鍵

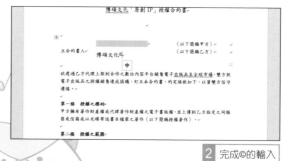

2 完成©的輸入

26 顯示為上標符號

除了上一個Tips介紹的特殊符號，相信很多讀也會遇到想要輸入上標文字的情況才是。只要在選取想要轉換成上標的字串範圍後，按下 Ctrl + Shift + = 鍵立刻就會把該字串的文字變成上標的樣式。

 這樣使用　　　Ctrl + Shift + =

 操控示範

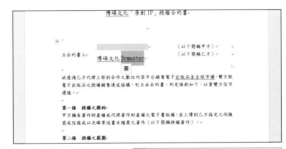

1 在選取想要顯示為上標符號的字串後，按下 Ctrl + Shift + = 鍵

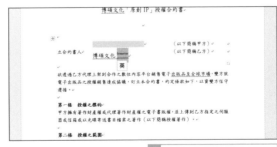

2 完成上標符號的樣式設定

Excel可以說是Office家族內筆者最喜歡的軟體，因為它不但具備數據試算的基本盤功能外，圖形化的資料圖表製作、資料分析的樞紐功能、提高工作效率的函數與VBA技法，讓使用上手者更加是愛不釋手。在這個章節裡，就讓我們來進一步認識Excel吧！

6

Excel的
暗黑鍵盤操控

keyboard

01 切換至下一個工作表

由多個工作表所組成的一個群組，在Excel當中稱之為「活頁簿」。想要快速在活頁簿間切換至下一個工作表可以試著利用 Ctrl + PgDn 鍵來完成，而若要想切換至上一個工作表則可以利用 Ctrl + PgUp 鍵。

 這樣使用

Ctrl + PgDn　　切換至下一個工作表

Ctrl + PgUp　　切換至上一個工作表

操控示範

1 按下 Ctrl + PgDn 鍵，切換至下一個工作表

2 按下 Ctrl + PgUp 鍵，切換至上一個工作表

02 選取多個工作表

利用 Ctrl + Shift + PgDn 鍵在工作表的選取上時，Excel會幫助你同時選取
目前的工作表與相鄰的工作表。另外，若想要跳著選取不連續的工
作表，別忘了利用 Ctrl +滑鼠右鍵點選來完成喔。

》這樣使用

Ctrl + Shift + PgDn 　選取連續工作表.

Ctrl +滑鼠右鍵 　　　選取不連續工作表

》操控示範

1 按下 Ctrl + Shift + PgDn 鍵，可同時選
取目前的工作表與相鄰的工作表

2 按下 Ctrl +滑鼠右鍵，可
選取不連續的工作表

03 新增工作表

雖然只要利用滑鼠游標點選⊕按鈕就可以立即完成工作表的新增，但如果你想用鍵盤來完成新增工作表的動作的話，可以利用 Shift +F11 鍵快速完成新增(或是可以用 Alt + Shift +F11 鍵的組合方式)。

>> 這樣使用   Shift + F11

>> 操控示範

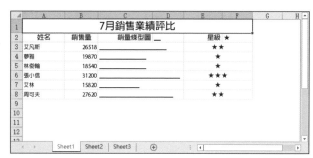

1 按下 Shift + F11 鍵

2 完成工作表的新增

04 在英文輸入狀態下選取整列

若是想要選取整列或是整欄的資料時，可以將滑鼠游標移至該欄或該列的欄名(列號)的地方，當滑鼠游標變換成↓(或是→)時，再點選一下滑鼠左鍵即可完成整列或整欄的選取。當然若是想要選取整列的話，這個功能也有可以搭配的快速鍵，只要 Shift + Space 鍵就可以進行選取整列的選取(但目前僅限於在英文輸入的狀態下才會動作)。

>> 這樣使用   Shift + Space

>> 操控示範

1 在英文輸入狀態下，按下 Shift + Space 鍵

2 完成整列的選取

右側標籤：Chrome　Windows 10　資料夾　Office　Word　Excel　PowerPoint　OutLook

05 隱藏欄

在利用Excel進行資料編修時，若是暫時不想要看到目前的某幾欄的欄位時，可以利用滑鼠游標的變為✛的狀態下，按著滑鼠左鍵向左或向右來加大/縮小欄位。如果是想用鍵盤來完成的話，請先選取整欄或該欄當中的任一儲存格後再利用 Ctrl + 0 鍵來完成隱藏。另外，想要隱藏列時則可以利用 Ctrl + 9 鍵 Ctrl + 9 鍵

這樣使用

Ctrl + 0 　隱藏欄

Ctrl + 9 　隱藏列

操控示範

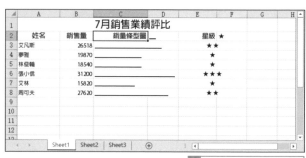

1 選取想要隱藏的欄位狀態下，按下 Ctrl + 0 鍵

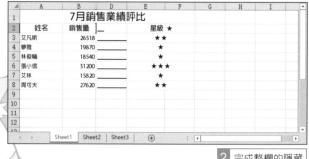

2 完成整欄的隱藏

06 移動至表頭與移動至表尾

當Excel工作表內的資料大到一個不行時，可以利用現在介紹的快速鍵組合，快速將選取儲存格移動至表頭與表尾。只要選取工作表中的任一儲存格後，按下 Ctrl + Home 鍵就可以快速移動到表頭，而利用 Ctrl + End 鍵則可以快速移動到表尾。

》 這樣使用

Ctrl + Home 　移動至表頭

Ctrl + End 　移動至表尾

》 操控示範

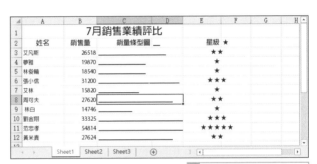

1 任選取表格內的儲存格狀態下，按下 Ctrl + Home 鍵

2 選取的儲存格快速移動至表頭

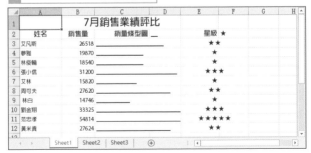

Chrome

Windows 10

資料夾

Office

Word

Excel

PowerPoint

Outlook

07 選取該儲存格至尾端資料

Ctrl + Shift + End 快速鍵組合可以將自選取中的儲存格選取至最尾端的資料。對於固定首欄與首列的項目不變,而每次都要變更資料內容時可以說是相當的方便,選取後不管是要進行刪除還是字型的變換等,都可以幫助你一口氣就完成。

» 這樣使用 Ctrl + Shift + End

» 操控示範

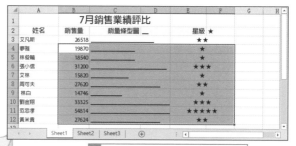

1 選取表格內的儲存格狀態下,按下 Ctrl + Shift + End 鍵

2 全部選取該儲存格至尾端的資料

08 全選表格全體

全選表格的方法有除了 Ctrl + A 鍵(筆者當然比較推薦這一個,因為
只要把它記成是控制(Ctrl)+全部(All)就可以了)外,也可以使用 Ctrl
+ Shift + 8 鍵來完成,不管是哪一個都可以全選表格全體。

 這樣使用 Ctrl + A (Ctrl + Shift + 8)

這樣使用

操控示範

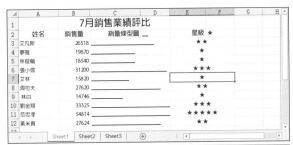

> 1 選取表格內的儲存格狀
>   態下,按下 Ctrl + A 鍵

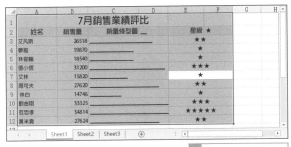

> 2 全部選取表格全體

09 變更為表格資料

一般的儲存格資料和表格資料，其最大的差別就是篩選的功能。只要將事先將資料輸入至儲存格中，利用 Ctrl + L 鍵的組合，就可以將已輸入中的資料轉換成表格資料。如此，不但讓資料的欄列更加分明外，也能便於進行資料的篩選、排序等功能。

 這樣使用　　Ctrl + L

 操控示範

1 選取表格內的任一儲存格狀態下，按下 Ctrl + L 鍵

2 顯示「建立表格」對話方塊後，按下「確定」按鈕

3 完成變更為表格資料的設定

關於表格操作

⟹ 必殺技 ★★★★☆

Chrome

Windows 10

資料夾

Office

Word

Excel

PowerPoint

OutLook

10 複製工作表

當完成一個工作表的設定或是數值輸入後，想依此工作表複製相同內容的另一個工作表時，可以試著將滑鼠在工作表索引標籤上按著滑鼠左鍵拖曳並按著 Ctrl 鍵，當滑鼠游標變更成 ⮢ 後，再拖曳到要複製的位置後放開，即可完成複製工作表的操作。

>> **這樣使用**　　滑鼠左鍵拖曳+ Ctrl

>> **操控示範**

1 在選取工作表索引標籤下，按著滑鼠左鍵拖曳並按著 Ctrl 鍵拖曳

2 完成工作表的複製

11 快速移動儲存格內容

當在儲存格中輸入到錯誤的數字或文字時，相信有大多數的人會進行清除後，再到正確的儲存格位置進行數值或文字的重新輸入。但如果你已經知道在滑鼠為狀態下，在按著滑鼠左鍵的狀態下進行拖曳到正確的位置，相信你一定會選擇這個方法才是。

》 這樣使用　狀態+滑鼠左鍵拖曳

》 操控示範

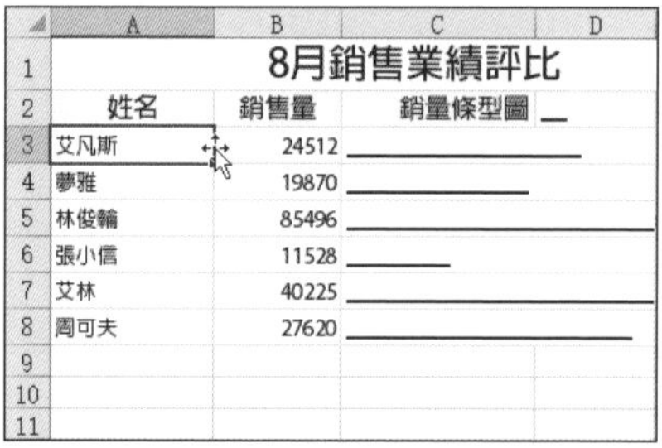

1 選取儲存格後，讓滑鼠游標呈現狀態

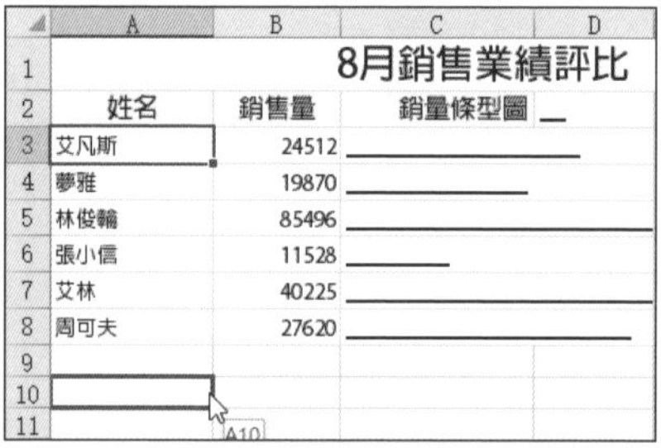

2 按著滑鼠左鍵進行拖曳

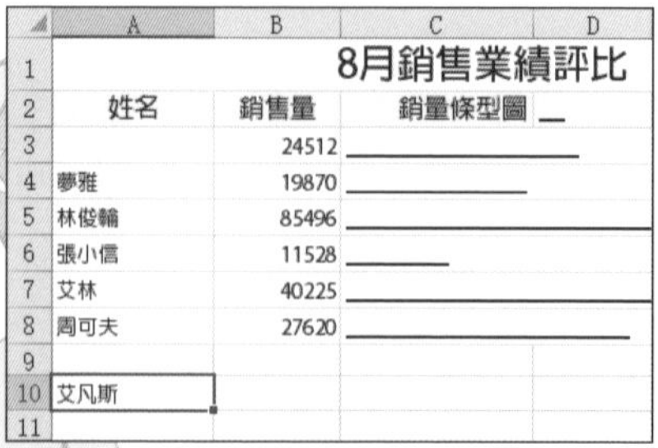

3 完成儲存格內容的移動

12 快速符合儲存格內文長度

當儲存格內容的文字過長時，在閱讀上總是覺得不太方便。若想要讓儲存格的長度自動符合儲存格內文的長度，可以在欄名游標呈現╋狀態下點選滑鼠右鍵二下，儲存格即可快速符合內文的長度。

這樣使用 ╋狀態+滑鼠左鍵

操控示範

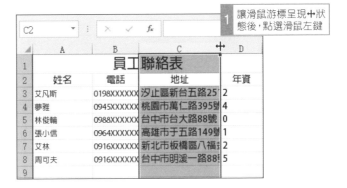

1 讓滑鼠游標呈現╋狀態後，點選滑鼠左鍵

2 完成儲存格符合儲存格內文長度的設定

13 選取不相鄰儲存格

在操作Excel時某些情況下，會需要選取多個不相鄰的儲存格進行文字的輸入或是格式的統一設定，只要懂得在按著 Ctrl 鍵的狀態下，利用滑鼠左鍵點選想要點選的儲存格，就可以選取不相鄰的儲存格。接著，就可以對這些不相鄰的儲存格進行統一的操作。

≫ 這樣使用   Ctrl +點選滑鼠左鍵

≫ 操控示範

		7月銷售業績評比	
2	姓名	銷售量	銷量條型圖
3	艾凡斯	26518	
4	夢雅	19870	
5	林俊輪	18540	
6	張小信	31200	
7	艾林		
8	周可夫	27620	
9	林白	14746	

1 選取第一個儲存格後，按著 Ctrl 鍵

		7月銷售業績評比	
2	姓名	銷售量	銷量條型圖
3	艾凡斯	26518	
4	夢雅	19870	
5	林俊輪	18540	
6	張小信	31200	
7	艾林	15820	
8	周可夫		
9	林白	14746	

2 選取第二個不相鄰的儲存格

3 完成不相鄰儲存格的選取

14 同時輸入多個儲存格

從剛剛這個Tips已經學會了如何選取不相鄰的儲存格，但如果要在這些儲存格中一口氣同時輸入相同的文字時你應該要這樣做—在選取多個儲存格的狀態下中輸入想要Key in的文字，完成後利用 Ctrl + Enter 鍵一口氣在所選取的儲存格內輸入相同的資料。

>> 這樣使用　　 Ctrl + Enter

>> 操控示範

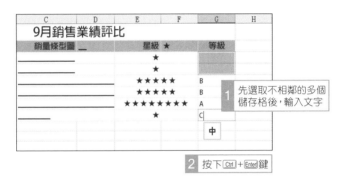

1 先選取不相鄰的多個儲存格後，輸入文字

2 按下 Ctrl + Enter 鍵

3 完成不相鄰儲存格的同時輸入

Chrome

Windows 10

資料夾

Office

Word

Excel

PowerPoint

OutLook

15 顯示自動填滿清單

在同一個欄位的下方想要再次輸入上一個欄位已輸入的資料時，複製&貼上的快速鍵似乎是個不錯的操作選項。只要在同一個欄位下方的空白儲存格上按下 Alt + ↓ 鍵，上方欄位內已輸入過的文字，就會顯示在下方的選單中提供選取輸入。

>> 這樣使用　Alt + ↓

>> 操控示範

1 選取空白的儲存格後，按下 Alt + ↓ 鍵

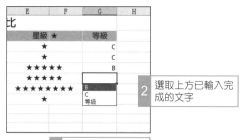

2 選取上方已輸入完成的文字

3 完成自動填滿輸入

16 插入與刪除儲存格

在工作表中可以自由地插入或者是刪除儲存格。若是想要插入儲存格可以利用 Ctrl + + 鍵呼叫「插入」對話方塊，反之若是想刪除儲存格時則可以利用 Ctrl + - 鍵呼叫「刪除」對話方塊來完成操作。

 這樣使用

Ctrl + + 　插入儲存格

Ctrl + - 　刪除儲存格

 操控示範

1 選取想要插入儲存格的地方，按下 Ctrl + +

2 設定想插入的樣式後按下確定

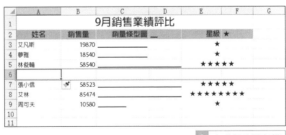

3 完成插入儲存格

17 加入篩選與排序功能

在面對龐大的資料表格時，第一步需要的是懂得如何將這些資料化整為零，讓它們有條不紊地隨心所欲進行排列組合。在Excel當中提供了這麼一項篩選與排序的功能，只要掌握這個功能的操作技巧，再龐大的資料都能讓你的資料們「乖乖地」。

》這樣使用

Ctrl + Shift + L

》操控示範

1 選取表格的最上方列，
按下 Ctrl + Shift + L 鍵

2 設定為篩選與排序
功能的下拉選單

3 可以依想要呈現的
資料進行設定顯示

18 開啟儲存格格式設定

在儲存格格式設定的對話方塊當中，可以快速完成儲存格相關的「數值」、「對齊方式」、「字型」、「外框」、「填滿」等的設定。只要在選定要進行設定的儲存格後按下 Ctrl + 1 鍵，即可利用「儲存格格式」對話方塊進行設定。

>> 這樣使用   Ctrl + 1

>> 操控示範

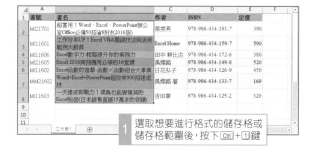

1 選取想要進行格式的儲存格或儲存格範圍後，按下 Ctrl + 1 鍵

2 完成開啟儲存格格式視窗

19 讓你功力大增的Excel快速鍵

在Excel當中隱藏了許多的快速鍵，雖然有些只能説隱藏的太好了，根本就不會去使用(與其許説是不會去使用，更直接的説法是「大腦應該容不下這些快速鍵~~」)。但秉持著追根就底的精神，以下功能若是會常使用到的話，記下來也不錯啦！

其中，Ctrl + Shift 再搭配上數字鍵的組合更是多元。以下是作者整理出來各個「Ctrl + Shift + 數字鍵」的搭配功能，若覺得自己腦容量還OK的人，就記下來吧！

≫ 這樣使用

快速鍵組合	功能
Ctrl + Shift + 1 鍵	將數值設定為千分位
Ctrl + Shift + 2 鍵	快速顯示「AM」或「PM」
Ctrl + Shift + 3 鍵	套用「年/月/日」日期格式
Ctrl + Shift + 4 鍵	將數值設定為錢幣符號
Ctrl + Shift + 5 鍵	將數值設定為百分比
Ctrl + Shift + 6 鍵	將數值設定為科學記號
Ctrl + Shift + 7 鍵	對儲存格加上外框線

20 編輯儲存格

只要不是Excel的初學者，相信進行儲存格的輸入一定不是什麼難事(也對，要麻不是滑鼠左鍵點一下或是點二下就可以輸入了~)。而儲存格是在「就緒」或是「編輯」狀態下的差別，可以很簡單的利用 F2 鍵進行切換，相信就不是那麼多人知道了。

 這樣使用　　

 操控示範

1 選取儲存格(為「就緒」的狀態)，按下 F2 鍵

2 變更為「編輯」的狀態

3 可以自由地輸入，完成後按下 Enter 鍵

Chrome

Windows 10

資料夾

Office

Word

Excel

PowerPoint

OutLook

21 輸入貨幣符號

若是表格中出現像是美元、日圓等的金額符號時,是不是常常會被「符號」對話方塊中落落長的符號表給用到頭暈,總是無法第一時間找到。此時,利用 Alt +特殊數字的組合,讓你輕鬆就完成金額符號的輸入。

>> 這樣使用

快速鍵組合	功能
Alt +0168(數字)	輸入歐元符號『€』
Alt +0162(數字)	輸入一分的字元『¢』
Alt +0163(數字)	輸入英鎊的字元『£』
Alt +0165(數字)	輸入日圓符號『¥』

22 複製上方儲存格

在儲存格的左方或是右方想進行相同資料的複製時，最簡單的方式是先選取該儲存格後，在滑鼠游標變為+的狀態下進行拖拉複製。然而，透過快速鍵操作也可以完成相同的目的。當想要複製上方儲存格的內容時，只要利用 Ctrl + D 鍵的組合即可完成(或者你也可以試試看 Ctrl + Shift + ' 鍵的組合)。

 這樣使用　

 操控示範

1 選取資料下方的儲存格，按下 Ctrl + D 鍵

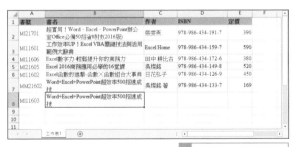

2 完成上方儲存格內容的複製與貼上

右側邊欄：Chrome　Windows 10　資料夾　Office　Word　Excel　PowerPoint　OutLook

23 複製左方儲存格

既然知道如何複製上方儲存格內容的快速鍵，那麼複製左方儲存格
的 Ctrl + R 鍵組合當然也得要知道。另外，你也可以試著用 Ctrl + Shift
+ · 鍵來玩玩看，其效果是一樣的。

» 這樣使用　　Ctrl + R （Ctrl + Shift + ·）

» 操控示範

	A	B	C	D	E	F
1	書號	書名	作者	ISBN	定價	
2	MI21701	超實用！Word、Excel、PowerPoint辦公室Office必備50招省時技(2016版)	張雯燕	978-986-434-191-7	390	
3	MI11601	工作效率UP！Excel VBA關鍵技法與活用範例大辭典	Excel Home	978-986-434-159-7	590	
4	MI11606	Excel數字力‧輕鬆提升你的業務力	田中耕比古	978-986-434-172-6	380	
5	MI21605	Excel 2016商務應用必學的16堂課	吳燦銘	978-986-434-149-8	520	
6	MI11602	Excel函數的進擊‧函數×函數組合大事典	日花弘子	978-986-434-126-9	450	
7	MM21602	Word+Excel+PowerPoint超效率500招速成技	吳燦銘 著	978-986-434-133-7	169	
8	MI11603					

1 選取資料右方的儲存格，按下 Ctrl + R 鍵

	A	B	C	D	E	F
1	書號	書名	作者	ISBN	定價	
2	MI21701	超實用！Word、Excel、PowerPoint辦公室Office必備50招省時技(2016版)	張雯燕	978-986-434-191-7	390	
3	MI11601	工作效率UP！Excel VBA關鍵技法與活用範例大辭典	Excel Home	978-986-434-159-7	590	
4	MI11606	Excel數字力‧輕鬆提升你的業務力	田中耕比古	978-986-434-172-6	380	
5	MI21605	Excel 2016商務應用必學的16堂課	吳燦銘	978-986-434-149-8	520	
6	MI11602	Excel函數的進擊‧函數×函數組合大事典	日花弘子	978-986-434-126-9	450	
7	MM21602	Word+Excel+PowerPoint超效率500招速成技	吳燦銘 著	978-986-434-133-7	169	
8	MI11603	MI11603				

2 完成左方儲存格內容的複製與貼上

24 對儲存格加上註解

「註解」內的補充資訊可以讓其他人掌握(有時候或是提醒自己)關於此儲存格的相關資訊。而若想要替儲存格的內容加上個「註解」時,除了可以利用滑鼠右鍵的選單來完成外,也可以利用 Shift + F2 鍵的組合進行插入註解。另外,在預設的註解欄內也可以顯示是誰所輸入的註解。

» 這樣使用 Shift + F2

» 操控示範

1 選取想插入註解的儲存格,按下 Shift + F2 鍵

2 輸入關於此儲存格的資訊

3 完成註解輸入

Chrome

Windows 10

資料夾

Office

Word

Excel

PowerPoint

Outlook

25 插入超連結

想要對儲存格內的資料進行超連結時，連結來源不只是可以設定單機內的路徑連結，也能連結至與該儲存格相關的網址，以方便使用者相關訊息的參照。只要利用 Ctrl + K 鍵就可以進行超連結的設定。

>> 這樣使用　　 Ctrl + K 　快速輸入

>> 操控示範

1 選取想插入超連結的儲存格，按下 Ctrl + K 鍵

2 設定連結後按下確定

3 完成插入超連結

26 快速完成加總

Excel是個很聰明的軟體，只要透過函數的設定，就可以將儲存格內的數值進行計算、參照、邏輯判斷等的設定。但我相信讀者們最常用的莫過於就是加總的功能吧！只要利用 Alt + = 鍵的組合，Excel就會自動幫你把所有的相鄰儲存格進行加總。若是想要加總的範圍錯誤時，只要在按下 Enter 鍵之前重新用游標調整加總的範圍即可。

 這樣使用   Alt + =

 操控示範

1 選取想要呈現加總的儲存格，按下 Alt + = 鍵

2 確定加總範圍是否有錯誤，若無則按下 Enter 鍵

3 完成自動加總

27 插入函數

剛剛有提到Excel內建許多聰明的函數，而面對這些函數的輸入法，你可以選擇直接在「資料編輯列」進行輸入(前提是你對要輸入的這個函數很了解了)，你也可以選擇呼叫「插入函數」對話方塊來一步一步進行設定。只要透過 Shift + F3 鍵，Excel就會帶領你輕鬆完成函數的設定。

》 這樣使用 [Shift] + [F3]

》 操控示範

2 輸入關鍵字尋找想要插入的函數

1 選取想插入函數的儲存格，按下 Shift + F3 鍵

3 選取好後按下 Enter 鍵，並指定範圍即可完成自動加總的函數插入

28 建立圖表工作表

多元圖表的建立，一直以來是公認為Excel的特色之一。只要懂得如何建立出一張用圖勝過千言萬語的圖表，相信你的Excel就已經具備了一定程度。當然，在Excel當中進行圖表的製作時也有所謂的快速鍵，只要利用F11鍵，Excel就會根據資料來源，另外建立一個已放入圖表的工作表。

» 這樣使用　　F11

» 操控示範

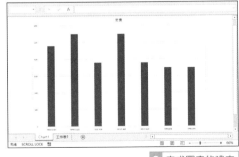

1 選取資料來源的儲存格，按下F11鍵

2 完成圖表的建立

Chrome

Windows 10

資料夾

Office

Word

Excel

PowerPoint

Outlook

29 執行重複功能

每次都要對不同的儲存格進行相同動作的操作，是不是覺得很厭煩呢?在這裡正好有一個可以解決這個困擾的方法，請不妨試著利用 F4 鍵看看。舉凡幫儲存格上色、改變字型大小與顏色、刪除欄列等等，都可以利用 F4 鍵重複動作來完成。讓你就像是錄製好同一個動作後，重複執行。

≫ 這樣使用   F4

≫ 操控示範

1 設定儲存格為黃色填滿

	A	B	C
1	書號	定價	
2	MM11507	480	
3	MM11502	550	
4	DS51436	380	
5	MU21303	550	
6	MU31320	380	
7	DR01028	350	
8	DR01010	350	
9			

2 選取另一個儲存格後，按下 F4 鍵

	A	B	C
1	書號	定價	
2	MM11507	480	
3	MM11502	550	
4	DS51436	380	
5	MU21303	550	
6	MU31320	380	
7	DR01028	350	
8	DR01010	350	
9			

3 完成執行重複動作

30 快速切換相對位址與絕對位址

以拖曳方法複製公式時,儲存格的參照會根據包含公式之儲存格的相對參照位置來進行複製。但如果在複製公式時不希望Excel自動調整參照,那就要設定為絕對參照。在不想改變的參照前加上貨幣符號($),這樣就能對儲存格建立絕對參照。

除了相對參照及絕對參照外,還可以使用只固定欄或只固定列的混合參照。想要變換參照的種類時,可按下 F4 鍵進行切換。切換的順序如下所示。

》 這樣使用

》 操控示範

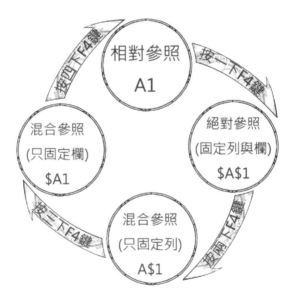

必殺技★★★★☆

31 在儲存格內換行

當想在儲存格內輸入字數長度大於儲存格長度的字串時，拉長儲存格的長度是個操作的選項之一，但如果想要透過換行輸入更多的資料時，那就得要利用 [Alt]＋[Enter]鍵的換行功能來幫你完成。

 這樣使用　　[Alt]＋[Enter]

操控示範

◢	A	B	C
1	書號	書名	
2	MM11502	Illustrator跨世代不敗經典：237個具體呈影像創意的方法與程序 英	
3			
4			
5			
6			

> **1** 在字串中想要斷行的地方，按下 [Alt]＋[Enter]鍵

◢	A	B	C
1	書號	書名	
2	MM11502	Illustrator跨世代不敗經典：237個具體呈影像創意的方法與程序	
3		英	
4			
5			
6			

> **2** 完成換行操作

32 馬上就知道的最大值、合計⋯

是不是常常會遇到這樣的情況，在選取某一個特定的數字範圍時，想要馬上知道在這一群的數字範圍中，最大值、最小值或是總合時多少呢⋯。試著在選取數字範圍後，把你的視線放在Excel畫面的右下角。在下方的狀態列會立即反應數字範圍中相關的統計數字，當然這些統計的條件你都可以利用滑鼠右鍵的點選進行設定。

》這樣使用　　狀態列

》操控示範

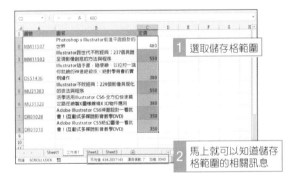

1 選取儲存格範圍

2 馬上就可以知道儲存格範圍的相關訊息

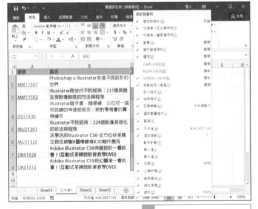

3 點選滑鼠右鍵就可以進行其他項目的設定

Chrome

Windows 10

資料夾

Office

Word

Excel

PowerPoint

Outlook

在企劃提案、成果發表等場合上，PowerPoint一直以來是專業人士們的首選簡報軟體。它不但可以將圖像、視訊融合於投影片當中、效果與動畫的呈現，再加上能夠支援平板與手機上，更能協助你演譯出一場場出色的簡報Show。

CHAPTER 7

PowerPoint的
暗黑鍵盤操控

keyboard

01 靠左對齊與靠右對齊

在編輯投影片的狀態下，會常常遇到要靠左對齊或靠右對齊，讓簡報內容更美觀呈現的設定。此時，可以使用 Ctrl + L 鍵將文字方塊內的文字設定成靠左對齊，反之 Ctrl + R 鍵則可以設定成靠右對齊。除此之外，也可以利用 Ctrl + E 鍵將文字設定成置中對齊。

➤➤ 這樣使用

Ctrl + L	靠左對齊
Ctrl + R	靠右對齊
Ctrl + E	置中對齊

➤➤ 操控示範

1 按下 Ctrl + L 鍵，設定成靠左對齊

2 按下 Ctrl + R 鍵，設定成靠右對齊

02 自目前頁面之後插入一頁

雖然在「常用」索引標籤內有個大大的「新增投影片」按鈕,但相信讀者們應該也會想知道「新增投影片」的快速鍵是啥~對吧!利用 Ctrl + M 鍵的組合,就可以在目前選取中的頁面之後插入一頁空白的投影片,而此投影片預設為「標題及物件」的佈景主題。

≫ 這樣使用　Ctrl + M

≫ 操控示範

1 按下 Ctrl + M 鍵

2 完成新增一個新的空白投影片

03 複製選定投影片

在新增一個投影片的狀態下，如果說想要用目前的投影片中部分的物件進行修改會比較有效率時，建議可以利用 Ctrl + D 鍵的方式複製後進行修改，Ctrl + D 鍵可以將目前選定的投影片「原原本本」地複製一張。

>> 這樣使用　　Ctrl + D

>> 操控示範

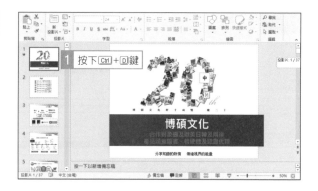

1 按下 Ctrl + D 鍵

2 完成複製選定的投影片

04 顯示格線

格線的顯示，目的在於讓投影片中的物件更能方便地對齊(因為不是所有情況用靠左或靠右對齊功能就能滿足)。按下在選定任一投影片後按下 Shift + F9 鍵時，在整份投影片的背景就會顯示十字交錯的虛線。若要取消，則可以再次按下 Shift + F9 鍵。

》 這樣使用　　Shift + F9

》 操控示範

目錄

1　企劃背景及博碩簡介
2　合作夥伴
3　行銷管道
4　行銷宣傳
5　參考-集團簡介
6　參考-出版叢書

1 按下 Shift + F9 鍵

目錄

1　企劃背景及博碩簡介
2　合作夥伴
3　行銷管道
4　行銷宣傳
5　參考-集團簡介
6　參考-出版叢書
英

2 完成格線的顯示

Chrome

Windows 10

資料夾

Office

Word

Excel

PowerPoint

Outlook

05 顯示尺規

在PowerPoint若是也想像在Word一樣顯示頁面上方的尺規時，可以利用 Shift + Alt + F9 鍵來完成，同樣地若要取消顯示尺規，則可以再按一次。尺規的顯示可以協助你進行對齊作業。

 這樣使用　　Shift + Alt + F9

>> 操控示範

1 按下 Shift + Alt + F9 鍵

2 完成尺規的顯示

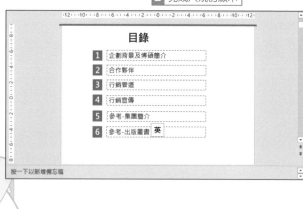

06 頁首及頁尾設定

在每張投影片的頁尾地方，可以分別設定插入日期及時間、頁尾、投影片編號，只要利用鍵盤上 Shift + Alt + T 鍵開啟的「頁首及頁尾」對話方塊，就可以在「投影片」索引標籤內進行設定。透過右側的「預覽」，即可同步觀看到設定後呈現的位置。此外，「備忘錄及講稿」索引標籤中，還可以事先在列印成備忘錄的預覽中呈現。

》 這樣使用

Shift + Alt + T

》 操控示範

1 按下 Shift + Alt + T 鍵

2 設定插入日期

3	行銷管道
4	行銷宣傳
5	參考-集團簡介
6	參考-出版叢書

3 完成頁尾的顯示

07 隱藏左邊窗格

不管是在Word、Excel還是PowerPoint，都可以在最下方的右下角發現可以快速切換成各種顯示模式的按鈕。而透過 Ctrl + Shift +滑鼠左鍵點選其中的 📧(標準模式)鍵，則可以協助你暫時隱藏投影片的左邊窗格。若想要再次顯示，可以再單獨點選一次 📧(標準模式)鍵。

» 這樣使用　　Ctrl + Shift +滑鼠左鍵點選📧(標準模式)鍵

» 操控示範

1 按下 Ctrl + Shift +滑鼠左鍵點選📧(標準模式)鍵

2 完成隱藏左邊的窗格

08 進入母片編修檢視

母片編修檢視可以幫助你完成各母片投影片的預設設定，此功能可以透過「檢視」索引標籤內的「母片檢視」群組進行切換。若是想要利用快速鍵進行切換時，則可以利用 Shift + 滑鼠左鍵點選 回 (標準模式) 鍵完成。

>> **這樣使用**　 Shift + 滑鼠左鍵點選 回 (標準模式) 鍵

>> **操控示範**

1 按下 Shift + 滑鼠左鍵
點選 回 (標準模式) 鍵

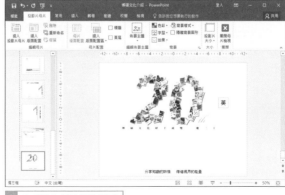

2 完成進入母片編修檢視

Chrome　Windows 10　資料夾　Office　Word　Excel　PowerPoint　OutLook

09 切換至大綱模式

在某些情況下會遇到想要複製多張頁面的簡報內容，然後貼到Word內進行其它的應用。如果想要一次性選擇全部的投影片內容，只要切換到大綱模式，就可以快速選取多張簡報內容後接續作業。而想要快速切換至大綱模式，可以利用 Ctrl + Shift + Tab 鍵。

» 這樣使用　 Ctrl + Shift + Tab

» 操控示範

1 按下 Ctrl + Shift + Tab 鍵

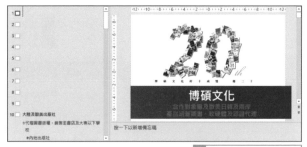

2 完成切換至大綱模式

10 展開與摺疊大綱架構

有時候大綱的架構是由多個子項下更多個小子項所構成的,若是想要展開大綱架構可以利用 [Alt] + [Shift] + [+] 鍵,反之若是想要摺疊大綱架構則可以利用 [Alt] + [Shift] + [-] 鍵。

» 這樣使用

[Alt] + [Shift] + [+]　　展開大綱架構

[Alt] + [Shift] + [-]　　摺疊大綱架構

» 操控示範

1 按下 [Alt] + [Shift] + [+] 鍵

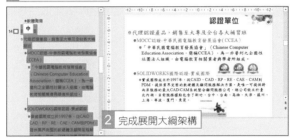

2 完成展開大綱架構

3 按下 [Alt] + [Shift] + [-] 鍵

4 完成摺疊大綱架構

11 開啟「檔案」索引標籤

PowerPoint上方也同樣備有「常用」、「插入」、「設計」、「切換」許多與PowerPoint相關功能操作的索引標籤。若是想要快速開啟「檔案」索引標籤，可以利用 Shift + Alt + F 鍵來完成。切換開啟「檔案」索引標籤之後在各功能旁會出現顯示有英文字母的小圖示，接著可以直接以滑鼠點選或是以鍵盤輸入該字母。

 這樣使用　　Shift + Alt + F

 操控示範

1 按下 Shift + Alt + F 鍵

2 完成「檔案」索引標籤的開啟

12 套用範本佈景

PowerPoint已內鍵數十種的設計範本佈景，可以省去不擅長設計的使用者快速套用具美感的版型。可以利用 Alt + G → H 鍵，在空白的投影片上完成範本佈景的套用。

 這樣使用　　Alt + G → H

 操控示範

1 按下 Alt + G → H 鍵

2 完成套用範本佈景

13 對圖片或文字加上動畫效果

動畫效果可以讓只是單純的文字或是圖片更有動態呈現的效果，基本上動畫效果分為「進入」、「強調」、「結束」三類，在各類別中又有不同的效果可供使用者依目的進行選擇。選擇物件後利用鍵盤按下 Alt + A → S 鍵，就可以在跳出的選單中選擇想要的動畫效果。

》 這樣使用　　Alt + A → S

》 操控示範

14 放映時的放映、暫停與退出

透過畫面右下角的「投影片放映」按鈕🖵，可以將目前的投影片切換到放映的狀態，但如果想要利用鍵盤直接切換到放映的狀態，則可以按下F5鍵。而若想要隨時暫停投影片播放可以利用S鍵，退出投影片播放則是Esc鍵。記住這三個基本的快速鍵，在進行簡報時會相當方便。

》 這樣使用

F5	放映
S	暫停
Esc	退出

》 操控示範

1 按下F5鍵進行放映

2 按下S鍵進行暫停   3 按下Esc鍵進行退出

Chrome

Windows 10

資料夾

Office

Word

Excel

PowerPoint

OutLook

15 放映目前投影片

F5鍵是會將投影片從第一張開始放映起,而若是想從目前選定的投影片開始播放則可以用 Shift + F5 鍵。另外,透過 Enter 鍵,每按一下就會往下移動一個頁面。

> **這樣使用**

| Shift + F5 | 放映目前投影片 |
| Enter | 往下移動一個頁面 |

> **操控示範**

1 按下 Shift + F5 鍵

2 完成放映目前投影片

必殺技 ★★★★☆

16 前進後退投影片

鍵盤上的方向鍵，在簡報進行時可以起到前進後退投影片的功能。
↓/→鍵是切換到下一張投影片，↑/←鍵則是切換回上一張投影
片。掌握住方向鍵的使用，就算簡報中沒有了投影筆或滑鼠掛了也
OK。

» 這樣使用

↓ / →　　前進投影片

↑ / ←　　後退投影片

» 操控示範

1　按下↓或→鍵切換下一張投影片

1　按下↓或→鍵切換下一張投影片

Chrome　Windows 10　資料夾　Office　Word　Excel　PowerPoint　OutLook

17 跳到指定頁數

如果想要跳到特定的投影片頁數時，可以利用[頁數數字]+Enter鍵來切換，幫助簡報者隨心所欲地跳到想到的頁數。請記得，一定要先在按著[頁數數字]鍵的狀態下按下Enter，否則就會直接跳到下一張投影片。

>> 這樣使用　[頁數數字]+Enter

>> 操控示範

1 按下數字[頁數數字]鍵

2 按下Enter鍵

3 跳往想前往的頁數

18 顯示「所有投影片」跳到指定頁數

若在簡報當中想要回到第一張投影片可以利用 [Home] 鍵。若是想要跳到指定的頁數時，按下 [Ctrl]+[S] 鍵會跳出「所有投影片」的視窗，這時只要選擇想要跳往的投影片時就可以快速前往。

 這樣使用

[Home]　　　回到第一張投影片

[Ctrl]+[S]　　顯示「所有投影片」

 操控示範

1 按下 [Ctrl]+[S] 鍵並指定頁數

2 完成跳往想前往的頁數

19 畫筆與橡皮擦模式

畫筆模式可以幫助簡報者在進行簡報時，隨心所欲地把簡報當成是畫板般上進行繪製，一邊在解說時一邊對簡報畫上重點。而若是想要把所繪製的畫筆清除掉時，則可以使用橡皮擦模式的 Ctrl + E 鍵，在橡皮擦模式下就能夠把所繪製的筆畫都刪除。另外，如果想要一次清除，不妨可以試試 E 鍵。

» 這樣使用　Ctrl + P　　畫筆模式

　　　　　　Ctrl + E　　橡皮擦模式

　　　　　　E　　　　　全部清除

» 操控示範

1 按下 Enter + P 鍵

2 可以在簡報上隨心所欲地繪畫

20 在放映投影片時單鍵點選超連結

在進行簡報時,有時候會透過要連結到外部的網頁進行說明,這時可以利用 [Tab] → [Enter] 鍵開啟超連結。每按一次 [Tab] 鍵就會依序跳到下一個超連結點,在選定好連結後再按下 [Enter] 鍵即可。

» 這樣使用　　[Tab] + [Enter]

» 操控示範

1 按下 [Tab] 鍵選定要開啟的超連結

2 按下 [Enter] 鍵

3 完成開啟網頁

Chrome

Windows 10

資料夾

Office

Word

Excel

PowerPoint

Outlook

21 切換為白螢幕與切換為黑螢幕

簡報中場有時會需要進行討論或者是讓聽眾有自習的時間，而為了不讓投影片畫面對同學們產生干擾，此時可以讓投射的畫面設定白螢幕或者黑螢幕，只要用W鍵(白螢幕)與B鍵(黑螢幕)即可完成。

» 這樣使用

W 白螢幕

B 黑螢幕

» 操控示範

1 按下W鍵切換為白螢幕

2 按下B鍵切換為黑螢幕

筆記心得

Chrome

Windows 10

資料夾

Office

Word

Excel

PowerPoint

OutLook

雖然Outlook在商務上主要是用來傳送電子郵件，但除了這個主要的功能外，它還包含了日曆、任務管理、聯絡人、記事本等功能，可以幫助商務人士快速管理工作上的大小事，讓工作更有效率地執行。

CHAPTER **8**

OutLook的
暗黑鍵盤操控

keyboard

01 移動到下一封郵件與上一封郵件

想要向下移動到下一封郵件時，可以使用↓或→鍵，若是想要向上移動到上一封郵件時，則可以使用↑或←鍵。充份地活用上下移動的快速鍵，可以幫助使用者快速瀏覽大量的郵件標題與內容。

》這樣使用

| ↓ | / | → | 移動到下一封郵件 |
| ↑ | / | ← | 移動到上一封郵件 |

》操控示範

1 按下↓或→鍵，選取下一封郵件

2 按下↑或←鍵，選取上一封郵件

02 開啟郵件或通訊錄

開啟郵件時最簡單的方法，除了可以直接點選郵件二下外，也可以在選取郵件的狀態下直接按下 Enter 鍵。按下 Enter 鍵後Outlook會自動開啟一個新視窗，顯示郵件內容。

» 這樣使用　　Enter

» 操控示範

1 選取郵件的狀態下按下 Enter 鍵

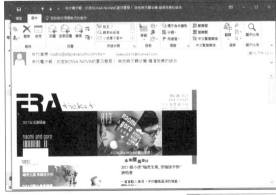

2 完成郵件的開啟

03 向下移動郵件頁面

當郵件的內容太長導致無法在一個頁面下完全顯示時，你除了可以拖動最右側的滾動軸外，還可以利用 Space 達到相同的效果。每按一次 Space 鍵，畫面就會向下滾動一層，一直到郵件底部為止。請注意，此功能只在預覽郵件的內容中有效。

» 這樣使用　　Space

» 操控示範

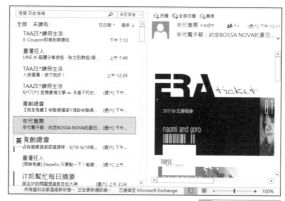

1 按下 Shift + F11 鍵

2 完成工作表的新增

04 搜尋郵件

當收取的郵件有一定龐大的數量時,想找到當中的某一份郵件的話可以說是件苦差事,但若你知道如何使用 Ctrl + Shift + F 鍵快速尋找郵件的話,一定可以幫助你省下不少時間。

》這樣使用   Ctrl + Shift + F

》操控示範

1 按下 Ctrl + Shift + F,輸入搜尋關鍵字

2 完成郵件的搜尋

Chrome

Windows 10

資料夾

Office

Word

Excel

PowerPoint

OutLook

05 傳送接收郵件

雖然開啟Outlook時，Outlook就會自動地接收郵件，或者當有郵件來時會自動進行接收。但有時當網路重新連結或特定原因需要以手動重新接收郵件時，可以利用 Ctrl + M 鍵來完成。另外，使用 F9 鍵一樣可以達到相同的操作效果。

≫ 這樣使用　　Ctrl + M （F9）

≫ 操控示範

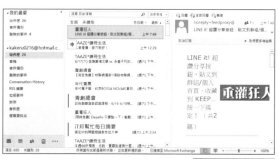

1 按下 Ctrl + M 鍵

2 完成手動接收郵件

06 寄送郵件

撰寫完成的郵件並確認過收件人的郵箱後，利用 Alt + S 鍵鍵就可以立即將寫好的郵件寄送。另外，使用 Ctrl + Enter 鍵一樣可以達到相同的操作效果。

≫ 這樣使用　　Alt + S （ Ctrl + Enter ）

≫ 操控示範

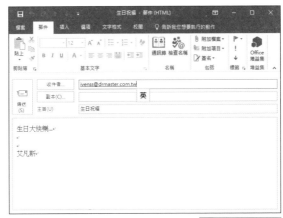

> **1** 按下 Alt + S 鍵

> **1** 完成寄送郵件，寄出的郵件能在寄件備份中找到

Chrome

Windows 10

資料夾

Office

Word

Excel

PowerPoint

OutLook

07 設定為未讀或已讀郵件

當你點選未讀的郵件(郵件的標題是粗體)時，Outlook會自動變更為已讀取的狀態(取消粗體)。若想將已讀取的郵件重新設定回未讀取的狀態時，除了可以利用滑鼠右鍵的選單外，還可以利用 Ctrl + U 鍵來完成。另外，若是要設定為已讀取則是利用 Ctrl + Q 鍵。

這樣使用

Ctrl + U 　未讀郵件

Ctrl + Q 　已讀郵件

操控示範

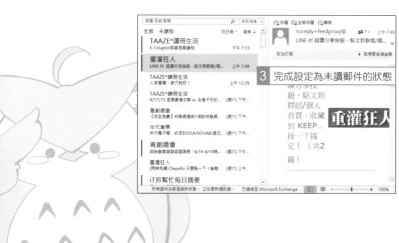

必殺技★★★★☆☆

08 回寄郵件

當收到別人寄來的郵件時，要在時間內回覆在職場上是相當重要的。想要以收到的郵件做為回信時內容，表示自己已讀取過信件內容，或已進行任何處理報告時，可以利用 Ctrl + R 鍵。Ctrl + R 鍵可以快速開啟回覆的郵件撰寫草稿內容，並把寄來的人預設當成是收件人，並在郵件標題上加上RE:。

>> 這樣使用   Ctrl + R

>> 操控示範

1 選取已收取的郵件

2 按下 Ctrl + R 鍵

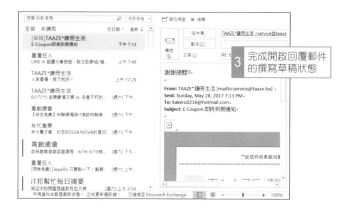

3 完成開啟回覆郵件的撰寫草稿狀態

Chrome

Windows 10

資料夾

Office

Word

Excel

PowerPoint

OutLook

09 轉寄郵件

當收到的郵件想轉寄給其他未收到的人時，可以利用 [Ctrl] + [F] 鍵，
Outlook會開啟郵件撰寫草稿內容，並在郵件標題上加上FW:。轉寄
的目的，是在原郵件中另外轉寄應該也需知悉的人員。

>> 這樣使用 [Ctrl] + [F]

>> 操控示範

1 選取已收取的郵件

2 按下 [Ctrl] + [F] 鍵

3 完成開啟轉寄郵件的撰寫草稿狀態

10 建立郵件資料夾

收到的郵件可能是客戶寄的、可能是公司內容寄的,為了能夠分門別類郵件屬性,利用建立資料夾的方式來整理是最方便的。你可以利用 Ctrl + Shift + E 鍵建立出新的資料夾,取好資料夾名稱後,之後所有相關屬性的郵件就都可以收納到此資料夾中。

>> 這樣使用   Ctrl + Shift + E

>> 操控示範

1 選取收件匣

2 按下 Ctrl + Shift + E 鍵,並重新命名

3 完成建立新的郵件資料夾

11 開啟新郵件

雖然現在大家都已習慣使用Line或微信等方便的溝通工具，但
Outlook最核心的傳送電子郵件功能，在商務辦公上仍然在備存檔案
或溝通上是個不可或缺的應用軟體。若想要開啟一個全新的電子郵
件，可以利用 Ctrl + Shift + M 鍵開啟。

 這樣使用　　Ctrl + Shift + M

 操控示範

1 按下 Ctrl + Shift + M 鍵

2 完成開啟新的郵件

3 後續請自己輸入郵件的標題與設定收件人

12 開啟新行事曆

第二個筆者使用Outlook最多的功能，就是行事曆的功能。行事曆可以按月或按週將自己的行程或預計會議排列其中，以防止事情太多而遺忘。只要利用 Ctrl + Shift + A 鍵，就可以開啟新的行事曆。

≫ 這樣使用　　Ctrl + Shift + A

≫ 操控示範

1 按下 Ctrl + Shift + A 鍵

2 完成開啟新行事曆

Chrome　Windows 10　資料夾　Office　Word　Excel　PowerPoint　OutLook

13 切換郵件與切換行事曆

前面項目個別說明過了開啟新郵件和新行事曆的快速鍵，若想要來回切換郵件、行事曆畫面的話，可以嘗試使用 Ctrl + 1 或 Ctrl + 2 鍵看看。Ctrl + 1 鍵是可以切換到郵件畫面，而 Ctrl + 2 鍵則可以切換到行事曆畫面。

》這樣使用

Ctrl + 1　切換郵件

Ctrl + 2　切換行事曆

》操控示範

1 按下 Ctrl + 1 鍵，切換至郵件畫面

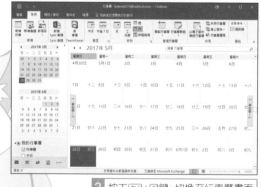

2 按下 Ctrl + 2 鍵，切換至行事曆畫面

14 開啟新增聯絡人與聯絡人群組

當郵件的聯絡人資料越來越多時，你就必須要懂得如何管理Outlook內的聯絡人。Ctrl + Shift + C鍵可以協助開啟新增聯絡人畫面，而Ctrl + Shift + L鍵則可以協助開啟聯絡人群組畫面。

這樣使用

Ctrl + Shift + C　開啟新增聯絡人

Ctrl + Shift + L　開啟聯絡人群組

操控示範

1 按下Ctrl + Shift + C鍵，開啟新增聯絡人

2 按下Ctrl + Shift + L鍵，開啟聯絡人群組

右側標籤（由上而下）：Chrome、Windows 10、資料夾、Office、Word、Excel、PowerPoint、Outlook

15 設為垃圾郵件

以目前垃圾郵件氾濫成災的情況來看，往往讓人不勝其擾，也還好電子郵件服務都有過濾垃圾信件的功能，可以協助減輕了一些困擾。對想設定為垃圾郵件的郵件上點選右鍵，依序按下 J → B → Enter 鍵，就可以將此郵件設定為垃圾郵件。

 這樣使用　　選單鍵 → J → B → Enter

 操控示範

1 選取想設定為垃圾郵件的郵件

2 依序按下 J → B → Enter 鍵

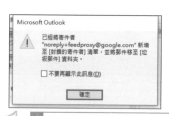

3 完成對此封郵件已被設定為垃圾郵件

16 對郵件加上旗標

除了可以將不想要看到的郵件設定為垃圾郵件外，若是重要的郵件，也可以利用為郵件加上旗標以引起注意。選取想要引起注意的郵件後，按下 Ctrl + Shift + G 鍵即可完成設定。

> **這樣使用**　Ctrl + Shift + G

> **操控示範**

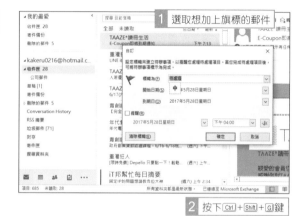

1 選取想加上旗標的郵件

2 按下 Ctrl + Shift + G 鍵

3 完成對此封郵件加上旗標

右側直排文字：Chrome　Windows 10　資料夾　Office　Word　Excel　PowerPoint　OutLook

曾經有一份真誠的愛情，擺在我的面前，但是我沒有珍惜。
等到了失去的時候，才後悔莫及，塵世間最痛苦的事莫過於此。
如果上天可以給我一個機會，再來一次的話，我會跟那個女孩子
說：「我愛她」。
如果能有一次讓我提筆紀錄下我與她的愛情故事
不用等待上天的憐憫
在這裡，我們提供你發揮創作的舞台！

咪咕之星 徵文

—— 即日起徵稿 ——

1766 一起聊聊網路廣播電
台，讓你帶著聽的好書
http://www.1766.today

活動網址
https://goo.gl/jevOi6

博碩文化

博碩文化

博碩文化

博碩文化